人类的故事

[美]房龙／著　李菲／编译

内蒙古出版集团
内蒙古文化出版社

图书在版编目（CIP）数据

人类的故事 /（美）房龙（Vanloon,H.W.）著；李菲编译. —呼伦贝尔：内蒙古文化出版社，2012.7

ISBN 978-7-5521-0081-5

Ⅰ. ①人… Ⅱ. ①房… ②李… Ⅲ. ①人类学－通俗读物 ②世界史－通俗读物 Ⅳ. ① Q98-49 ② K109

中国版本图书馆 CIP 数据核字（2012）第 170650 号

人类的故事

（美）房龙（Vanloon,H.W.）著

责任编辑： 王 春

出版发行： 内蒙古文化出版社

地　　址： 呼伦贝尔市海拉尔区河东新春街4付3号

直销热线： 0470-8241422　　**邮编：** 021008

印　　刷： 三河市同力彩印有限公司

开　　本： 787mm×1092mm　　1/16

字　　数： 200千

印　　张： 10

版　　次： 2012年10月第1版

印　　次： 2021年6月第2次印刷

印　　数： 5001-6000

书　　号： ISBN 978-7-5521-0081-5

定　　价： 35.80元

内容简介

　　我们到底是谁？我们是从哪里来的呢？我们将要到哪里去？房龙以这几个看似简单、实则深奥的问题为切入点，以时间为主线，讲述了人类数千年的文明发展史。本作品区别于普通的历史书，它以精彩的历史场景重现，扼要的历史人物点评为主，将人类的故事娓娓道来。

　　此作品的特色在于从人类的起源到每一个历史时期都有作者精辟的论述，以深厚的人文底蕴和俏皮睿智的文笔，将人类历史的浩荡长卷展现在世人面前。其中有节奏明快的历史叙述，也有人类文明发展的事件与细节的详细描述，还有作者对历史的一些精辟的评论。由于作者文笔通俗，无论是研究历史的专家学者，还是对历史一无所知的人，都可以在这本经典人类史中获得启发和阅读快感。

　　房龙，荷裔美国人，著名学者。1882年，房龙生于荷兰鹿特丹的一个富裕家庭。他自幼便对历史、地理、船舶、绘画和音乐等有兴趣。青年时期，他曾先后在美国康奈尔大学和德国慕尼黑大学学习，获得博士学位。房龙曾当过教师、编辑、记者和播音员，这些经历使他得以体验丰富多彩的人生，积累了写作经验。

　　房龙于1921年出版了《人类的故事》，这本书使他一举成名，他也因此书获得美国图书馆协会和美国儿童读物协会颁发的两枚奖章，以表彰他在美国儿童读物领域所做的杰出贡献。

　　房龙一生共创作了20多部作品，他的作品多以散文的形式叙述、评论历史事件及人物，文笔诙谐幽默，配上他亲手绘制的生动插图，可以提高阅读的趣味，因此深受读者欢迎。房龙的主要作品包括：《文明的开端》、《发明的故事》、《圣经的故事》、《美国的故事》、《地球的故事》、《人类的艺术》、《宽容》、《与世界伟人谈心》等。

　　房龙还是个多才多艺的人，能说和写十种文字，拉得一手小提琴，还擅长画画。

　　1944年3月11日，房龙在美国的康涅狄格州去世，美国《星期日快报》刊登讣告时用了这样的标题"历史成就了他的名声——房龙逝世"。

人类的故事

Renlei De Gushi

目 录

目 录

第1章 人类初登历史舞台

名家导读

今天，我们生活在一个五彩缤纷的世界里。可是你知道我们是从哪里来的吗？我们的祖先是谁？千百年前的地球又是什么样子的呢？本文将会告诉你生命是如何产生的，以及我们人类是如何登上历史舞台的。

一直以来，人类都活在几个巨大疑问之下：

我们到底是谁？

我们是从哪里来的呢？

我们将要到哪里去？

虽然我们已经非常努力地探寻，但我们知道的依然少得可怜。即使这样，我们至少能相当精确地推测出许多事情来。

我将尽我所能告诉你们，人类最初的舞台是如何被搭建起来的。相较其他物种，人类存在于这个世界的时间相当短。但人类却是最先学会用脑力征服大自然的物种。这就是我打算研究人，而非猫、狗或其他动物的原因。

最初，地球就像是一个燃烧着的巨大球体。可对浩瀚无垠的宇宙来说，它只不过是一块极其微小的烟云。经过几百万年的演变，它的表面渐渐燃烧殆尽，并覆上了一层薄薄的岩石。这片完全没有生机的岩石被暴雨无休无止地冲刷着，雨水将坚硬的花岗

阅读理解

三个问句的连用，加强了读者的好奇心理。从而引导读者继续阅读下去，寻找答案。

岩慢慢地侵蚀掉，并把冲刷下来的泥土带到了高峰之间的峡谷。最后暴雨停息，阳光普照大地。遍布地球的众多小水洼逐渐扩展成了东西半球的巨大海洋。

突然有一天，奇迹发生了：这个死气沉沉的星球出现了生命！第一个代表鲜活生命的细胞就漂流在大海之上。它漫无目的地随波飘荡了几百万年。在此期间，它慢慢发展着自己的某些习性。这些习性使它在环境恶劣的地球上能更容易地生存下去。这些细胞中的一部分成员很适应黑沉沉的湖泊，于是它们在从山顶冲刷到水底的淤泥间扎下根来，变成了植物。另一些细胞更喜欢四处游荡，于是它们长出了奇形怪状的有节的腿，在海底植物和状似水母的淡绿色物体间爬行。还有一些身上覆着鳞片的细胞，它们凭借游泳似的动作四处来去，寻找食物。慢慢地，它们变成了海洋里的鱼类。

与此同时，植物的数量不断地增加，海底的空间已经不能满足它们的生存了。为了生存，它们很不情愿地在沼泽和山脚下的泥岸上安了新家。除了每天早晚的潮汐让它们品尝到故乡的咸味之外，其余的时间里，它们不得不学习如何适应不舒适的环境，

阅读理解

本段文字详细地介绍了植物和海洋鱼类的由来。也即生命的开始。

争取在覆盖地球表面的稀薄空气里生存下来。经过长时间的训练，它们终于学会了如何自在地生活于空气里，就像以前在水中一样。它们的体形逐渐增大，变成了灌木和树林。最后，它们还学会如何开出美丽的花朵，让繁忙的大黄蜂和鸟儿将自己的种子带到远方，使整个陆地都布满碧绿的原野和大树的浓荫。

这时候，一些鱼类也慢慢开始迁离海洋。它们学会了既用鳃在水里呼吸，也用肺在陆上呼吸，我们称它们为两栖动物。青蛙便是一种两栖动物。

离开了水之后，这些动物越来越适应陆上生活。其中的一些干脆成为了爬行动物，他们与昆虫们一起分享这大森林。为便于更迅速地穿过松软的土壤，它们逐渐发展自己的四肢，体形也相应地增大。最终，整个世界都被这些身高三十到四十英尺的庞然大物占领。若它们跟大象玩耍，就如同体形壮硕的老虎在和小猫玩耍。这些庞然大物就是恐龙家族（被生物学手册称为鱼龙、斑龙、雷龙等等）。

后来，这些爬行动物家族中的一些成员开始到上百英尺高的树顶上生活。它们不必再用腿来走路，而是迅速地从一棵树枝跃到另一棵树枝，这是它们树上生活的必需技能。于是，它们身体两侧和脚趾间的部分皮肤逐渐变成一种类似降落伞的肉膜，这些薄薄的肉膜上又长出了羽毛，尾巴则成为了方向舵。就这样，它们开始在树林间飞行，最终进化成真正的鸟类。

这时，一件神秘的事情发生了。所有庞大的爬行动物（恐龙）在短时间内悉数灭绝。我们无法得知其中的原因。也许是由于气候的突然变化，也许是因为它们的身体长得过于庞大，以至于行动困难，再不能游泳、奔走和爬行。它们只能眼睁睁地看着肥美的蕨类植物和树叶近在咫尺，却活活饿死。不管出于什么原因，统治地球数百万年的古爬行动物帝国到此就覆灭了。

之后，地球开始被不同的动物占据。这些动物属于爬行动物的子孙，但其性情与体质都迥异于自己的先祖。它们用乳房"哺育"自己的后代，因此现代科学称这些动物为"哺乳动物"。它们褪去了鱼类身上的鳞甲，也不像鸟儿那样长出羽毛，而是周身覆以浓密的毛发。由此，哺乳动物发展出一些比之其他动物更有利于延续种族的习性。比如雌性动物会将下一代的受精卵孕含在身体内部，直至它们孵化；比如哺乳动物将下一代长时间留在身边，在它们无法应付各种天敌的脆弱阶段保护它们。这样，年幼的哺乳动物便能得到更佳的生存机会，因为它们能从母亲身上学习到很多东西。

现在，我们来到了历史发展的分水岭。此时，人类突然从动物中脱颖而出，开始运用脑子来掌握自己种族的命运。一种特别聪明的哺乳动物在觅食和寻找栖身之所的技能方面，大大超越了其他动物。它不仅学会用前肢捕捉猎物，并且通过长期训练，它还进化出类似手掌的前爪。在无数次的尝试之后，它还学会了用两条后腿站立，并保持身体的平衡。

这些动物一半像猿，一半像猴，可它们比这两者都要优秀，它们渐渐成了地球上最成功的猎手，并且能在各种气候条件下生活。为了安全和相互照顾，它们常常成群结队地行动。一开始，它们只能发出奇怪的叫声，以此警告自己的同伴哪里有危险。可经过几十万年的发展，它们竟然学会了如何用喉音来交谈。

你也许不敢相信，这种动物就是我们的先祖，人类也是从这时候起，登上了历史舞台。

阅读理解

从这句话可以看出，人类必将成为历史的主宰：人类虽然没有庞大的体形，可是人类会用脑子来掌握自己的命运。

名家点拨

　　作者在本文中，以时间为线索，逐一介绍了植物的产生、海洋鱼类的产生、爬行动物的产生、鸟类的产生、哺乳动物的产生以及爬行动物时代的结束和人类的出现。使我们对于生命的演变以及人类的历史由来有了一个清晰的认识。

第2章 人类的祖先

名家导读

> 　　在千百年前，那时的生活以及周围的一切和现在都是不一样的。那我们的祖先又会是什么样子的呢？今天，让我们一起来探寻祖先的足迹。

　　对于"真正"的人类最初是什么样子，我们所知道的并不多。

　　他们不可能留下照片和图画。不过在古代土壤的最深处，我们还能挖到他们的几片骨头。那些潜心研究的知识渊博的科学家们，拿着这些碎骨，经过长时间的揣摩，现在已能相当精确地拼凑出我们早期始祖的模样来了。

　　人类最早的祖先是一种外表丑陋、毫无魅力的哺乳动物。他们不仅身材比现在的人矮小许多，而且长期的风吹日晒，还使他们的皮肤变成了难看的暗棕色。他们全身的大部分皮肤都覆着长而粗糙的毛发。他们的手指细而有力，看上去像猴的爪子。他们长着一个低陷的前额，下颚看起来像那些惯于把牙齿当刀叉的食肉野兽。那时候的人类赤身裸体，还不知道什么是火。

　　他们住在大森林的阴暗潮湿处。直到现在，非洲的比戈米原始部落还住在这样的地方。当他们感到阵阵袭来的饥饿时，他们就大吃生树叶和植物的根茎，或者从愤怒的鸟儿那里偷走鸟蛋，喂给自己的孩子。如果运气好，他们能抓到一只松鼠、小野狗或老鼠什么的。他们吃什么都生吞活剥，因为他们还未发现经火烤过的食物味道会更加美妙。

白天，这些原始人在丛林中四处潜行，寻找可吃的东西。一旦黑暗降临大地，他们便把自己的妻儿藏进空树干或巨石后面。凶猛危险的野兽遍布他们的四周，这些野兽习惯在夜间悄悄活动，为它们的配偶和幼仔寻找食物。它们尤其喜欢人肉的味道。这是一个弱肉强食的时代，人类早期的生活充满了恐惧和苦难。

夏天，人类被烈日炙烤；冬天，他们的孩子很有可能冻死在自己怀里。如果他们不小心受伤，没人会照顾他们，他们只能在惊恐和疼痛中自生自灭。

就像动物园里的动物总会发出各种各样的奇怪的叫声，早期的人类也喜欢发出怪叫。也就是说，他们不断地重复着一些相同的胡言乱语，因为他们喜欢听见自己的声音。日子长了，他们突然意识到，可以用这种喉部发出的声音去提醒同伴。当某种危险悄然接近的时候，他们便发出具有特定含义的尖叫，比如"那儿有一只老虎"。同伴听见警告，也回吼几声，表示"我看见它们了，赶快躲起来"。这大概就是所有语言的起源。

可正如我前面讲过的，我们对这些起源知之甚少。早期的人类不会制造工具和修建房屋。他们死后，除了留下几根锁骨与头骨的碎片，再没有其他可以追寻他们生存踪迹的线索。我们只知道在几百万年前，地球上曾生活着某种哺乳动物，他们与其他所有的动物都不一样。可是我们却不知道他们是由什么进化而来的。他们学会了用下肢直立行走，把前爪当手来使用。他们与我们的祖先可能具有千丝万缕的关联。

总之，我们对人类祖先知道的就只有这些，而其他的情况，已经无从考证。

阅读理解
展现出了原始人的生命是没有保障的。

名家点拨

　　作者在本文中，从外部形态和生活习性等方面介绍了我们的祖先，详细而全面。

人类开始制造工具

我们知道，每一项发明都推动了人类历史的发展。那么，人类的第一项发明是什么？我们的祖先是从什么时候开始穿衣、生火的呢？他们又是怎么知道的呢？

早期的人类还不知道什么是年、月、日，就更不可能记录生日、结婚纪念日或者悼亡日了。可通过一种普遍的方法，他们认识了季节。他们发现，在寒冷的冬天过后，总是温暖惬意的春天；随着春天慢慢地变成炎夏，树上的果实越来越饱满，野麦穗茁壮成长；夏天慢慢临近尾声，阵阵狂风把树上的叶子吹下来，很多常见的动物都进入了冬眠。这样，四季就循环了一次。

这时，一件与气候有关的不同寻常的恐怖事件发生了。暖和的夏日突然姗姗来迟，果实无法成熟。那些原本绿草如茵的山顶，现在却笼罩了一层厚厚的积雪。

某一天早上，一群野人突然声势浩大地从山上冲下来。他们与住在山脚下的居民有着很大的区别。他们骨瘦如柴，像是很久没吃过东西了。本地的居民听不懂他们的语言，他们看样子好像很饥饿。本地的食物不能同时养活老居民和新来者，过了几天他们还是不肯离开，于是一场可怕的战斗发生了。老居民与新来者相互撕咬，发疯般地肉搏。有的全家被杀死，有的则逃回山区，可面对他们的将是可怕的暴风雪。现在，白昼变得一天

比一天短，而夜晚却异常寒冷。

最后，在两山之间的裂缝里，出现了星星点点的绿色小冰块。它们迅速地变大，长成巨大的冰川，沿山坡滑下来，把巨大的石块推进了山谷。在雷鸣般的响声中，夹杂着冰块、泥浆和花岗岩的巨流呼啸着卷过森林，片刻间将这里夷为平地。百年的老树被齐腰折断，倒在燃烧起来的森林里。随后，大雪纷纷扬扬地下了起来。

绵绵不绝的大雪下了一个月又一个月。所有的植物都冻死了，大批动物逃往南方，去寻找温暖的太阳。人类也跟动物一起踏上了逃难的旅程。可他们跋涉的速度比用四肢奔跑的动物慢了许多，严寒却毫不留情地在身后紧紧追赶。他们不得不迅速想出办法，否则等待他们的只有死亡。

在冰川纪，有四种情形对地球上的人类构成了致命的威胁，可他们都一一想出了对付的办法，使自己幸免于难。

首先，人类为了防止被冻死学会了穿衣服。他们学会了怎样制造捕猎的陷阱：挖一些大坑，上面覆以枝条和树叶，一只熊掉下去，便用石块砸死它们，用它们的毛皮做大衣。接下来是解决住房的问题。这很简单。许多动物都有睡黑乎乎的山洞的习性。现在，人类也学动物的样子。他们把动物们赶出这些温暖的巢穴，自己住了进去。

即便有毛皮大衣穿、有山洞住，天气对大部分人来说还是太寒冷了。老年人和小孩成批地死去。这时，人类中的一个天才想出了用火御寒的主意，他记得有一次在森林里差点被火烧死。那时，火对他来说是可怕的。可在眼下的冰天雪地里，火很可能变

阅读理解

解释了人类学会穿衣的原因：是为了适应恶劣的环境。

成帮助他的朋友。这位天才把枯树干拖进山洞，从一棵着火的树上取下一根燃烧的枝条，点着了洞里的枯树干。熊熊燃烧的火堆一下子使得寒冷的洞穴变成了一个温暖宜人的小房间。

一天傍晚，一只死鸡不小心掉进了火堆。一开始，没人在意这事儿，直到烤熟的阵阵香味飘进人们的鼻孔。有人尝了一口烤过的鸡肉，发现味道比生吃好上许多。于是，人类终于抛弃了长期以来与动物一样生吃食物的习惯，开始吃起熟食来。

慢慢地，几千年的冰川纪过去了。只有脑子最聪明、最肯动手的人类幸存了下来。他们日夜不停地与寒冷、饥饿搏斗，他们被迫发明出种种劳动工具。他们学会了制造锋利的石斧，制造石锤；为度过漫长的寒冬，他们用黏土制成碗和罐子，放在阳光下晒硬后使用，用来储存大量的食物。

就这样，威胁着人类生存，几乎要毁灭整个人类的可怕的冰川纪，到头来却成了人类最伟大的导师。它迫使着人类运用自己的脑子去思考，以此来改变自己的生存现状。

名家点拨

　　作者在这里介绍了人类历史上的可怕的冰川纪。可怕的冰川纪虽然给人类带来了灾难，可是在这个大灾难面前，人类没有屈服，他们改变现状，适应环境，从而学会了穿衣，制造各种工具。可以说，是冰川纪推动了人类历史的发展。

第4章 最早的文字

提起文字，大家都再熟悉不过了，因为我们每天都在运用它。它是人们用来记录语言的符号和交流思想的工具。那么，你知道我们人类最早的文字是什么吗？它是谁发明的呢？

我们最早的祖先生活在欧洲的大陆，他们利用聪明的大脑学习着许多新鲜事物。不久之后，他们必将脱离野蛮人的生活，创造出一种属于自己的文明。这一天很快来临，他们渐渐了改变了自我封闭的原始状态，因为他们被发现了。

一位来自神秘南方的旅行者，勇敢地跨过海洋，越过沿途的高山，来到欧洲大陆的野蛮人中间。这个人来自非洲，他的故乡是一个叫埃及的地方。

在西方人看见刀叉、车轮、房屋等等文明之物前的几千年，位于尼罗河谷的埃及便已进入了相当高级的文明阶段。现在，我们要离开自己尚处穴居阶段的祖先，去拜访一下地中海南岸和东岸的人们。那里是人类文明的第一个摇篮。

古埃及人教会了我们许多东西。他们是优秀的农夫，精通灌溉术。他们建造的神庙不仅被后来的希腊人仿效，而且还是我们现代教堂的最初蓝本。他们发明的日历能精确地计量时间，只经过了一点点修改就沿用至今。最重要的是，古埃及人发明了为后人保存语言的方法——文字。

如今，我们每天都在阅读报纸、书籍、杂志。我们理所当然地认为，读书写字是一直都存在的。可事实上，作为人类最重要的发明，文字和书写是人类历史上最近才出现的创举。如果没有文字记录的文献，人类便会像猫狗一样。猫狗只能教下一代一些简单的东西，因为它们没有掌握一种方法，能把前面一代代猫狗的经验保存下来，全部传给下一代。

公元前1世纪，古罗马人来到埃及。他们发现整个尼罗河谷遍布一种奇怪的小图案，它似乎和这个国家的历史有关。可罗马人对任何"外国"的东西都不感兴趣，也就没对这些雕刻在神庙和宫殿墙上的奇怪图案刨根究底。而最后一个懂得这种神圣宗教艺术的埃及祭师，在好几年前就已经死去。失去主权的埃及此时就仿佛是一个充斥着重要历史记录的大仓库，没有人能够破译，也没人想去破译。

1700多年过去了，埃及依然是一片神秘的国土。到1789年，一位姓波拿巴的法国将军正好率部队路过东非，准备对英属印度殖民地发动进攻。他还没能越过尼罗河，战役就失败了。不过很凑巧的是，法国人这次著名的远征却无意之中解开了古埃及图像文字的谜团。

这天，一位年轻的法国军官，厌倦了尼罗河口小城堡里的单调生活，决定到尼罗河三角洲的古废墟去溜达一番。就这样，他找到了一块让他迷惑不解的石头。像埃及的其他东西一样，它上面刻有许多小图像。与此前发现的别的物件不同的是，这块特别的黑玄武岩石板上刻有三种文字的碑文，其中之一是人们知道的希腊文。他推论，只要把希腊文的意思和埃及图像加以比较，马上就能揭开这些埃及小图像的秘密。

这办法听起来很简单，可真正揭开这个谜底，是二十年过后的事情了。1802年，一位叫商博良的法国教授开始对著名的罗塞塔石碑上的希腊和埃及文字进行比较。到1823年，他宣布自己破译了石碑上十四个小图像的含义。不久，商博良因为劳累过度而死，可埃及文字的主要法则此时已大白于天下了。今天，我们对尼罗河流域的历史要比密西西比河流域的历史清楚得多，因为我们拥有了整整四千年的文字记录。

古埃及的象形文字在历史上扮演了一个异常重要的角色，其中几个字历经变动还融入了我们现代的字母中。所以，我们应该稍微了解一下这个五千年前使用的极富天才的文字体系，要知道，是它首次保留了前人说过的话。

这种象形文字体系被发明后，古埃及人又用了数千年的时间不断完善它，直到这种文字能记录任何他们想表达的内容。他们用这种文字把消息传达给朋友，或者记录商业账目，描述自己国家的历史，以便后代能从中汲取教训或获益。

 名家点拨

　　古埃及是人类文明的发源地之一，作者在本文中指出人类最早的文字是古埃及发明的。

第5章 尼罗河——人类文明的发源地

名家导读 ✱

　　尼罗河是人类文明的发源地。她养活了人类历史上第一批大城市的居民。在这里，出现了人类的早期文明。那么你知道那里出现了哪些文明吗？你想知道木乃伊是怎么制成的吗？你想知道金字塔又是怎样建造的吗？这些就都是尼罗河的文明成果。

　　人类的历史更像是一部人们四处觅食、逃避饥饿的记录。哪里有丰足的食物，人们就往哪里迁徙。

　　尼罗河河谷肯定在很早的时期就已声名鹊起。从非洲内陆到阿拉伯沙漠，再到远一点的亚洲西部，人们成群结队地涌入这片富饶的土地。这些外来者组成了一个新的种族，他们称自己为"雷米"。他们有理由感激命运之神把他们带到了这块狭长的河谷地带。每年夏季，洪水泛滥的尼罗河将两岸变成浅湖；洪水退去，留下几英寸厚的肥沃黏土，覆盖着所有的农田和牧场。

　　在埃及，仁慈的尼罗河替代了大量的人力，养活了人类历史上第一批大城市的居民。当然，并不是所有的耕地都位于河谷地带，但通过一个由许多小运河和杠杆构成的复杂提水系统，能将河水从河面引至堤岸的最高处，再由一个更精密的灌溉沟渠网，将水分配到各处的农田。

　　史前人类一天通常要劳动16个小时，为自己的家人和部落成员寻找食物。可埃及的农民和城市居民却拥有一定的闲暇时间。他们把这些空余

时间用于制作许多仅具装饰性而毫无实用价值的东西。不仅如此，他们还突然发现自己的脑子能用来想各式各样、稀奇古怪的念头。这些念头与日常的吃饭、穿衣、睡觉都毫无关系。这些念头包括：星星来自哪里？那些电闪雷鸣究竟是谁制造的？是谁使尼罗河水规规矩矩地按时涨落？是谁让日历可以依据尼罗河水的泛滥周期制定出来？还有他自己，一个随时可能面对疾病和死亡，却又能感受幸福与欢笑的奇怪生物，到底是谁？

他们问了许多这样的问题，有人则恳切地走上前来，尽其所能地加以解答。古埃及人把这些负责解答问题的人称为"祭司"，他们是思想的守护者，倍受一般老百姓的尊重。他们学识渊博，被委以用文字书写历史的神圣职务。他们懂得人不能只考虑眼前的利益，这是大有害处的。他们将人们关注的目光引向来世。

到那时，人的灵魂将居住在西部的群山之外，并将向威力无穷、掌管生死的大神奥赛西斯汇报自己前世的作为，神则根据他们的德行作出裁决。事实上，祭司们过分强调在大神奥赛西斯与艾西斯国土里的来世生活了，这使得古埃及人将此生仅仅当作是为来世所做的短暂准备，把富饶而生机勃勃的尼罗河谷变成了一块奉献给死者的国土。

很奇怪的是，古埃及人渐渐相信：一个人如果失去了今世的寄身之躯，他的灵魂也就不可能进入奥赛西斯的国土。因此当人一死，他的亲属们马上便对其尸体进行处理，涂上香料和药物防腐。然后，放在氧化钠溶液里浸泡数星期，再填以树脂。经过防腐处理的尸体便被称为"木乃伊"。木乃伊用特制的亚麻布层层包裹起来，放在事先准备好的特制棺材中，运往死者最后的安居之所。不过，埃及人的坟墓倒更像一个真正的家，墓室里摆放着

阅读理解
指出了木乃伊制作的缘由以及制作的过程。

家具和乐器，还有厨师、面包师和理发师的小雕像环立四周。

最初，这些坟墓是建在西部山脉的岩石里面，随着埃及人向北迁移，他们不得不在沙漠里为死者建造坟墓。不过，沙漠里充斥着凶险的野兽和同样凶险的盗墓贼。他们闯进墓室，搬动木乃伊，窃走随葬的珠宝。为防止这种亵渎死者的行为发生，古埃及人在死者的坟墓之上建起小石冢。后来，随着富人们相互攀比，石冢被越建越高，大家都争着要建最高的石冢。创造最高纪录的是公元前13世纪的埃及法老胡夫的坟墓。他的陵墓被人们称为"金字塔"，高达150多米。

胡夫金字塔占地5公顷，其占地面积相当于基督教最大建筑圣彼得教堂的3倍。经过漫长的20多年，十余万奴隶日夜不停地从尼罗河对岸搬运石材，将其运过河，我们至今难以想象他们是怎样把石材运过河的。紧接着，他们有条不紊地将巨石拖进宽阔的沙漠，最后将其吊装到合适的位置。胡夫法老的建筑师和工程师们很出色地完成了工作。一直到今天，虽然经受了万吨计的巨石从各个方向长达数千年的重压，但是通往法老陵墓中心的狭长过道却依然完好无损。

 名家点拨

　　人们总是在寻找着适合生存的地方。尼罗河的富饶带来了古老的文明。即使在今天，人们仍然在赞叹金字塔的举世无双，而人们却又无法解开它的建造之谜。当时尼罗河的文明达到了何种程度是我们确实无法想象的。

第6章 埃及的故事

名家导读

　　现在每当我们提起埃及文明的时候时，都会说"古埃及文明"，它是人类文明的发源地之一。可是随着历史的发展，它又经历了怎样的命运呢？它先后经历了哪些国家的入侵？在每次入侵之后它的命运如何呢？现在它还存在吗？

　　尼罗河既是人类的朋友，又是一位严厉的监工。它教会了生活在其两岸的人们"协作劳动"。这些人依赖彼此合作的力量，一起建造灌溉沟渠，修筑防洪堤坝。如此一来，他们也学会了怎样与自己的邻居和睦相处。正是这种互利互惠的联系让这里发展成了一个有组织的国家。

　　这里出现了一个精明强干的人，他的权力和威望渐渐膨胀，而且远远超过了这个地区的其他人。于是这个人顺理成章地成为了社区的领袖，当嫉妒之心很强的西亚邻居入侵这个富饶河谷时，他担当了抵御外敌的军事首脑。到后来，他终于如愿当上了这个地区的国王，也即法老，统治从地中海沿岸到西部山脉的广袤土地。

　　不过，对于古埃及法老的种种政治冒险事业，那些勤苦耐劳的农夫们是毫无兴趣的。只要不被强征超过合理限度的赋税，只要不被加重过分繁重的劳役，他们就愿意像敬爱天神奥赛西斯一样，接受法老们的统治。

　　可一旦某个外族入侵者闯入，剥夺了他们的所有，这些农夫们的情况便会变得很悲惨。经过两千年的独立之后，一个名为希克索斯的野蛮的阿拉伯游牧部落闯入了埃及，统治了尼罗河河谷达500年之久。希克索斯人横征暴敛，很不受欢迎。同样不受欢迎的还有希伯来人，也就是犹太人。他们经过长期流浪，穿过沙漠来到埃及的歌珊地定居。当埃及人丧失独立的时候，他们却帮助外国入侵者，充当入侵者的税吏和官员，深为埃及人所憎恶。

公元前1700年后不久，底比斯的人民发动起义。经过长期的斗争，希克索斯人被逐出尼罗河谷，埃及重新获得了独立。

一千年之后，当亚述人征服整个西亚时，埃及沦为了沙达纳帕卢斯帝国的一部分。公元前7世纪，埃及再度成为一个独立的国家，接受居住在尼罗河三角洲萨伊斯城的国王的统治。但在公元前525年，波斯国王甘比西斯占领了埃及。到公元前4世纪，当亚历山大大帝征服波斯时，埃及也随之成为了马其顿的一个行省。亚历山大死后，他的一位将军自立为新埃及之王，建都亚历山大城，开创了托勒密王朝。埃及又一次获得了名义上的独立。

公元前39年，罗马人侵入埃及。最后一代埃及君主——艳后克娄帕特拉竭尽全力挽救自己的国家。她的美貌和领导能力让罗马将军们为之倾倒，其威力比数个埃及军团还要强。她先后使罗马征服者凯撒大帝及安

东尼将军拜倒在她脚下，靠她的美艳维持着自己的统治。一直到公元前30年，凯撒的侄子兼继承人奥古斯都大帝在亚历山大城登陆。他没有像自己已逝的叔叔一样拜倒在这位埃及艳后的裙下，而是毫不犹豫地歼灭了埃及军队。他曾经饶过克娄帕特拉一命，打算把她作为战利品之一带回罗马城，并让她在凯旋仪式上游街，供罗马市民欣赏。克娄帕特拉在得知奥古斯都的这一计划后，便服毒自杀了。从此，埃及变成了罗马的一个省。

 名家点拨

　　埃及是人类文明的发源地之一，但它后来却屡次遭到其他国家的入侵，经过多次的入侵以及独立之后，最终消亡。作者在本文中详细地介绍了埃及从建立到消亡的过程。从这里，我们可以了解到埃及的历史。

希腊的故事

第7章

名家导读 ✱ ❀

　　希腊被誉为是西方文明的发源地，有着悠久的历史，并对三大洲的历史发展有过重大影响。那么希腊的文明是怎么开始的？古希腊的城邦又是怎样的？古希腊的人们又是怎样生活的呢？它最后又为什么衰败了呢？

希腊文明的开始

　　当金字塔已经屹立了一千年，开始显出衰败的迹象时，当巴比伦的睿智帝王汉谟拉比已长眠于地下数个世纪时，有一支印欧种族的小游牧部落离开多瑙河畔的家园，向南找寻新鲜牧场。这支游牧部落称自己为赫椤人，他们是希腊人的祖先。有神话故事说，人类曾一度变得异常邪恶，居住在奥林匹斯山的众神之王宙斯对此大发雷霆，以洪水冲毁了整个世界，想杀死所有人类，只有狄优克里安和他的妻子皮拉幸免于难。而赫椤人就是狄优克里安与皮拉的儿子。

　　对早期的赫椤人我们知之甚少。记述雅典衰落的历史学家修昔底德曾以鄙夷的口气说他们根本"不值一提"。他说的多半是实话。这些赫椤人粗野无礼，像牲畜一样地生活着。他们对敌人非常残忍，常常将他们的尸体扔给凶猛的动物吃。他们毫不尊重其他民族的权利，大肆残杀希腊半岛的土著皮拉斯基人，掠夺他们的农庄和牲畜，并将他们的妻女卖为奴隶。亚细亚人曾充当赫椤人的前锋，引导他们进入塞萨利和伯罗奔尼撒的山区，于是赫椤人便写了很多赞美亚细亚人勇气的颂歌。

不过在各处的高山顶上，他们还看见了爱琴海人的城堡，但是他们没敢对之下手。爱琴海人士兵使用金属刀剑与长矛，赫楞人知道，凭自己手里的粗陋石斧，绝对不是爱琴海人的对手。在很长的一段时间里，他们就这样四处游荡，往来于一个又一个山谷与山腰。后来，等全部的土地都被他们占领，他们便定居下来做了农民。

这便是希腊文明的开始。这些希腊农民住在看得见爱琴海人殖民地的地方。有一天，他们终于忍不住好奇心，去拜访了他们的高傲邻居。他们发现，原来自己可以从这些居住在迈锡尼和蒂林斯的高大石墙后面的人们那里学到许多有用的东西。

赫楞人是绝顶聪明的学生。没用多久，便学会了如何使用爱琴海人从巴比伦和底比斯买回的那些奇怪的铁制武器，也弄懂了航海的奥秘。于是，他们开始自己建造小船，出海航行。

当他们学会了爱琴海人的所有技艺后，便反过来把爱琴海人赶回了爱琴海岛屿。不久，他们渡海征服了爱琴海上的所有城市。最后，在公元前7世纪，他们侵入克诺索斯，将其夷为平地。就这样，在赫楞人初次登上历史舞台，他们无可争议地成为了整个希腊、爱琴海和小亚细亚沿岸地区的主人。公元前11世纪，古老文明的最后一个伟大贸易中心——特洛伊被希腊人摧毁，欧洲历史从此真正开始。

阅读理解
再次展现了赫楞人卑微的品性。

古希腊的城邦

在埃及，最高统治者是神秘莫测的，这位统治者住在遥远的宫殿里，统治着他庞大的帝国。这里的绝大部分臣民一生都未见过他一面。而希腊人却正好相反，他们分属于数百个小型"城邦"，他们是自由公民。其中最大的城邦，人口也超不过一个现代的大型村庄。那里不承认有什么最高的统治者，一切由集市上的人们说了算。

对希腊人来说，祖国就是他出生的地方，是他度过童年的地方，是他与同伴一起长大成人的地方。他熟悉这个地方的每一个人。祖国高大坚固的城墙庇佑着他的小屋，让他的妻儿能安乐无忧地生活。他的整个世界不过是四五英亩岩石丛生的土地。现在你能明白吗？这样的生活环境是如何影响一个人的所作所为的。巴比伦、亚述、埃及的人们仅仅是广大贱民的一分子，可希腊人却从来就是那座人人熟悉的小镇的一员。他感觉到，那些聪明睿智的邻居们时刻都在关注着他。无论他做什么事情，他都不能忘记一点：自己的努力将呈现在故乡所有这些生而自由的公民们眼前，接受他们的评判。这种意识影响着他，使他不得不努力追求完美。

于是，希腊人在许多方面都有了卓越的表现。他们创造了新型的政治体制，发明了新的文学样式，发展出新的艺术理念，其业绩是我们现代人永难超越的。

公元前4世纪，马其顿的亚历山大大帝征服了大半个世界。战事结束后，亚历山大决意将真正的希腊精神传播给全人类。他将希腊精神从那些小村庄、小城市里带出来，努力让它们在自己新建立的辽阔帝国里开花结果。从此，古希腊的小城邦丧失了独立，被迫成为一个伟大帝国的附属地。从此，古老的希腊精神便不复存在了。

古希腊人的生活

对于政府的所有事务，希腊的民主制度只承认被称为自由民的那一类市民拥有参与权。而所有的希腊城市都是由少数自由民、大量的奴隶和少量的外国人组成的。只有在发生战争，需要征兵时，希腊人才愿意给予被他们称为"野蛮人"的外国人以公民权。但这种情况是很少的。公民资格是一出生便决定了的。你是一个雅典人，因为你的父亲和祖父在你之前就是雅典人。除此而外，无论你多么出色，只要你的父母不是雅典人，你始终都只是住在雅典的"外国人"。

阅读理解
展现了希腊人对"外国人"的残酷。

因此，只要不是由一位"国王"或"暴君"统治时，希腊的各个城市便由这个城市的自由民阶层管理，并为其利益服务。这种体制得以运转，也离不开数量六七倍于自由民的奴隶阶层。奴隶为那些被称为自由民的古希腊主人承担了种种繁重劳动。

奴隶们把整个城市的繁重的工作全部承包下来。他们是理发

师、木匠、珠宝制作工、小学教师等。而那些被称为主人的自由民则要么出席公共会议，讨论重大问题；要么去剧院观赏埃斯库罗斯的最新悲剧。

事实上，古代的雅典酷似一个现代俱乐部。所有的自由民都是世袭的会员，而所有的奴隶则是世袭的仆人，随时准备听候主人的吩咐。

这里的奴隶替人耕田种地的日子确实不舒服，可那些家道中落的自由民们也不得不受人雇佣，在富人的农庄作做帮工，他们的生活其实跟奴隶没什么两样。而且在城市里，许多下层自由民比奴隶还要贫困。古希腊人对待奴隶还算是比较温和的。

古希腊人视奴隶制为一种必要的制度。缺少这种制度，任何城市都不可能成为文明人舒适的家园。

阅读理解
古希腊人对奴隶制度的重视，侧面展现了奴隶的悲惨生活。

奴隶们也从事像今天由商人和专业人员担任的复杂工作。至于那些繁杂的家务劳动，古希腊人则对此不以为然。他们喜欢闲适的生活，他们都居住在最为简朴的环境里，把家务劳动降到了最低的程度。

首先，古希腊人的房屋非常简朴。甚至富人们都居住在土坯的大房子里。希腊人的屋子由四面墙和一个屋顶组成，有一扇通向街道的门，但没有窗户。厨房、起居室、卧室环绕着一个露天庭院，庭院里有一座喷泉或是一些小型雕塑，还有几株植物，使整个环境显得宽敞明亮。在院子的一角，有奴隶作为厨师在烹调食物；在院子的另一角，有也是奴隶的家庭教师在教孩子们背诵希腊字母和乘法表；在又一个角落，屋子的女主人和同样是奴隶的裁缝在缝补男主人的外套。女主人少有出门，因为在古希腊，一个已婚妇女是不允许经常出现在大街上的。在紧挨门后的一间小办公室里，男主人正细心查看着农庄监工（也是奴隶）刚刚送过来的账目。

当晚饭准备好时，全家人便围坐在一起就餐。饭菜很简单，不用慢慢享受。他们主要吃面包，喝葡萄酒，外加少许的肉类和蔬菜。他们只在没有别的饮料可喝时，才饮水，因为他们认为喝水不利于健康。他们喜欢请朋友一起进餐，喜欢在进餐时聚集一堂，主要是为了更风趣地交谈及品味美酒饮料。不过，他们懂得节制的美德，喝得酩酊大醉是遭人鄙视的行为。

古希腊人的简朴之风同样表现在他们对衣饰的选择上。他们热爱干净，修饰整洁，头发和胡子梳理得有条不紊。他们经常锻炼，比如游泳和田径，这样能使他们变得更强壮。他们从不穿那些色彩艳丽、图案古怪的服装，也不追崇亚洲的流行式样。

当然，希腊的男士也喜欢自己的妻子戴点珠宝首饰，可如果谁在公众场合以此来炫耀财富，会被看作是相当庸俗的行为。所以，一旦女人们离家外出，她们都尽量不惹人注目。

总之，古希腊的生活既节制又简朴。古希腊人渴望"自由"，渴望身体和心灵的双重解放。所以他们总是把自己的日常所需压缩至最低的程度，这样他们便能维持精神的自由。

希腊人抗击波斯入侵

爱琴海人从职业商人腓尼基人那里学会经商，之后希腊人又从爱琴海人那里学会了贸易之道。希腊人模仿腓尼基人的模式，建立了许多殖民地，并广泛使用货币与外国客商交易，他们的效益甚至超越了腓尼基人。公元前6世纪，希腊人已牢牢控制了小亚细亚沿岸，甚至夺走了腓尼基人的大部分生意。腓尼基人对希腊人的后来居上一直怀恨在心，却又因为实力悬殊而不敢冒险发动战争。

之前已经讲过，一个来自波斯的默默无闻的游牧部落踏上了四处征伐的路途，他们在短时间内侵占了西亚大部分土地。这些波斯人彬彬有礼，做事方式也算文明。只要归顺的臣民每年进贡

一定的赋税给他们，他们就不会劫掠这些臣民。波斯人挺进到了小亚细亚海岸，他们坚持要求希腊殖民地承认波斯国王是他们至高无上的主人，并按国王规定的数额缴税。这些希腊殖民地拒绝了波斯人的无礼要求，并向爱琴海对岸的祖国求救。战争的序幕由此拉开。

如果史书记载无误，历任的波斯国王一直将希腊的城邦制视为心腹大患，但归顺波斯帝国的诸多民族很可能是以这种制度为榜样，所以他们才会反抗波斯的统治。因此，波斯人认为，这种危险的政治制度必须被消灭。

隔着汹涌波涛的爱琴海，希腊人拥有一定程度的安全感。波斯人想在雅典附近登陆，直捣希腊人的心脏。可此时，雅典的海岸线上已有重兵把守，波斯人只好撤回亚洲。马拉松平原的胜利为希腊赢得了短暂的和平。

此后的8年，波斯人养精蓄锐、虎视眈眈，希腊人也丝毫不敢懈怠。他们知道，一场暴风雨般的攻击即将来临，但在如何应对这场危机的问题上，雅典内部发生了分歧。一部分人希望增强陆军的实力，另一部分人认为建立一支强大的海军才是击败波斯人的关键。支持陆军和支持海军的两派分别由阿里斯蒂里司和泰米斯托克利领导，他们彼此攻击，争执不下，而雅典的防御问题就这样拖延着。终于，陆军派的阿里斯蒂里司在政治斗争失败后被流放，泰米斯托克利赢得了主动权。他放手大干起来，倾尽人力财力建造战船，并把比雷埃夫斯变成了一个坚不可摧的海军基地。

公元前481年，一支庞大的波斯军队赫然出现在希腊北部省份色萨利地区，希腊半岛再度面临灭顶之灾。在此危急存亡的关头，英勇的军事城邦斯巴达被推为希腊联军的军事领袖。可斯巴达人对北方的战事有些漫不经心，因为他们自己的城邦还未受到攻击。在这样的心态下，他们疏忽了防守从北方通往希腊腹地的要道。

斯巴达国王李奥尼达奉命率一支小军团去防守连接色萨利和希腊南部省份的道路。这条道路位于巍峨的高山与大海之间，易守难攻。李奥尼达指挥勇猛的斯巴达士兵以寡敌众、浴血奋战，成功地阻挡了波斯大军前进的步伐。但一个名叫埃非阿尔蒂斯的叛徒出卖了希腊人，他引导一支波斯军队沿梅里斯附近的小路穿越山隘，深入到李奥尼达的后方，从背后发起攻击。在温泉关附近（德摩比勒），一场血腥的战役打响了，双方从白天一直拼杀到夜幕降临。李奥尼达和斯巴达士兵全部阵亡。

温泉关的失守使波斯大军得以长驱直入，希腊的大部分地区相继沦陷。波斯人气势汹汹朝雅典挺进。他们攻占了雅典卫城，将其夷为平地。这场战争看起来似乎是没有希望了。公元前480年9月20日，泰米斯托克利率领雅典海军，将波斯舰队骗入希腊大陆与萨拉米岛之间的狭窄海面。波斯舰队被迫与雅典海军决战。几个小时后，雅典人摧毁了四分之三的波斯舰船，取得决定性胜利。

这样一来，波斯人在德摩比勒地区的胜利就变得毫无意义。失去了海上支援，波斯国王泽克西斯被迫撤退。他打算来年再与希腊人进行最后决战，一举歼灭他们。

不过这一回，斯巴达人终于意识到事关全体希腊半岛的存亡，必须倾尽全力一搏。为保护城邦的安全，斯巴达人本已修建

了一条横跨柯林斯地峡的城墙，在波仙尼亚斯的率领下，他们离开了城墙的安全庇护，主动迎战玛尔多纽斯指挥的波斯军队。大战在普拉提亚附近展开，来自十二个城邦的约十万希腊军队，向三十万波斯军队发起了总攻击。跟马拉松平原发生的战斗一样，希腊重装步兵再度突破了波斯军队的箭阵，彻底击溃了波斯人。巧合的是，在希腊步兵赢得普拉提亚战役的同

一天，雅典海军在小亚细亚附近的米卡尔角也摧毁了敌人的舰队。

欧洲与亚洲的第一次较量就这样落下了帷幕。雅典获得了最后胜利，斯巴达也因英勇而扬名。

很久以后，希腊不再辉煌，雅典最终还是走向了衰落。可作为人类文明的发源地之一，它继续引导着热爱智慧的人们的心灵，其影响远远越出了希腊半岛的狭窄边界，远播世界。

名家点拨

古希腊拥有悠久的历史，并对三大洲的社会发展有过重大影响。作者按照历史顺序详细地介绍了古希腊文明的开始、古希腊的城邦、古希腊人的生活以及古希腊的独立战争，使我们对古希腊有了一个全面的认识。

第8章 罗马的兴衰

名家导读

古罗马人对西方文明的发展作出了许多重要的贡献。那么古罗马帝国到底是一个怎样的国度？它是怎样兴盛起来又是怎样衰亡的呢？在古罗马帝国时代，人民过着怎样的生活？他们又有着什么样的权利呢？

罗马的兴起

长久以来，意大利西海岸都是被世界文明所遗忘的地区。希腊所有的良港都面朝东方，与商业繁忙的爱琴海岛屿分享着文明与通商的便利。可这时候的意大利西海岸则一片荒芜，景象萧条。由于这一片地区太过贫穷，所以很少有外商造访。当地的土著居民几乎与世隔绝，安静寂寞地生活在这片绵延的丘陵和遍布沼泽的平原上。

后来北方的民族侵入了这片地区。在历史上的某一天，一些印欧种族的游牧部落开始从欧洲大陆向南迁移。他们在白雪皑皑的阿尔卑斯群山中艰难前行，终于发现了翻越山脉的隘口，于是他们潮水般地涌进亚平宁半岛，他们惊喜地发现村庄与牲畜遍布于这个形状酷似长靴的半岛。对于这些早期的征服者，我们知道得不多。如果没有荷马的《荷马史诗》歌唱过他们的辉煌往昔，他们的战功与远征则难作信史。他们自己对于罗马城建立的记述，则产生于八百年之后。当时这座小城已经成长为一个大帝国的宏伟中心。这些记述不过是些神话故

事，与真实的历史有很大的出入。但说到罗马城建立的真实过程，那是一件很无趣的事情。

罗马的起源就同美国城市的起源一样，其发迹首先是由于地处要津，交通便利，四乡八野的人们纷纷来此交易货物、买卖马匹。罗马位于意大利中部平原的中心，台伯河为它提供了直接的出海口。一条贯通半岛南北的大道经过这里，一年四季都能使用，劳顿的旅人正好在此暂作休憩。沿台伯河岸有七座小山，可为居民们用作抵御外敌的避难所。这些凶险的敌人有些来自周围的山地，有些来自地平线外的滨海地区。

住在山地的敌人叫做萨宾人，他们行为粗野，通过劫掠来维持生活。不过他们很落后，使用石斧和木制盾牌作为武器，难以匹敌罗马人手中的钢剑。比较而言，滨海地区的人们才是真正危险的敌人。他们被称为伊特拉斯坎人，其来历至今依旧是历史学上的一个不解之谜，无人知晓他们何时定居于意大利西部滨海地区，属于哪个种族，以及是什么原因迫使他们离开了原来的家园。他们留下的碑文随处可见，可由于没有人懂得伊特拉斯坎文字，这些书写信息至今不过是些令人大伤脑筋的神秘图形。

对此，我们做出了推测：伊特拉斯坎人最初来自小亚细亚，可能是由于战争，也可能是因为一场大瘟疫，他们不得不离乡背井，到别处去寻找新的栖息地。不管使他们流浪到意大利的原因为何，伊特拉斯坎人在历史上都担当了非常重要的角色。他们把古代文明从东方传到了西方，他们教会了来自北方的罗马人文明生活的基本原理，包括建筑术、修建街道、作战、艺术以及天文等。

不过和希腊人不喜欢他们的导师爱琴海人一样，罗马人同样也憎恨教会他们文明的伊特拉斯坎人。当希腊商人与罗马人开始通商，当第一艘希腊商船满载货物抵达罗马城时，罗马人便迅速摆脱了伊特拉斯坎人。希腊人本是来意大利做生意的，后来却在这里居住了下来，担任罗马人的新导师。他们发现这些居住在罗马乡间的拉丁人部族非常乐于接受有实用价值的新事物。一旦罗马人意识到可以从书写文字中得到巨大的好处，他们便模仿希腊字母的样子，创造了拉丁文。他们还发现，统一制定的货币与度量方式将大大促进商业的发展，于是他们就毫不犹豫地如法炮制。最终，罗马人吸取了希腊文明的所有精髓。

他们还欢天喜地地把希腊的诸神也请进了自己的国家。宙斯移居罗马，新名字叫朱庇特。不过，罗马的诸神可不像希腊的诸神那样会陪伴希腊人度过一生。罗马的诸神属于国家机构的一分子，每一位神都在努力管理着自己负责的部门。他们面目严肃，神态方圆，谨慎公正地主持着正义。作为回报，他们要求信徒们要一丝不苟，而罗马人也小心翼翼地服从着。

虽然罗马人与希腊人同属印欧种族，但他们没有模仿希腊人的政治制度。他们不愿靠发表一大堆枯燥的言论和滔滔演讲来治理国家，他们的想象力和表现欲不如希腊人丰富，他们宁肯以一个现实的行动代替一百句无用的言辞。在他们看来，平民大会往往是一种空谈的恶习。因此，他们将城市的管理工作交由两名执政官负责，并设立一个由一群老年人组成的"元老院"去辅佐他们。遵照习俗并出于现实的考虑，元老们通常都是贵族阶层，可他们的权力同时也受到非常严格的限制。

罗马公民权

我们现在所谈到的罗马是指一个有着几千居民的小城市，不过，在当时，罗马城真正的实力其实已经扩展到城墙之外的广大乡村地区。在对这些域外省份的管理上，早期的罗马帝国展示了颇有策略性的殖民统治。

在历史的早期，罗马城是意大利中部唯一拥有高大城墙、防御坚固的堡垒。不过，它向来都慷慨好客地敞开城门，为其他不时遭遇外敌入侵的拉丁部落提供紧急避难所。长此以往，这些拉丁邻居们开始意识到，与如此强大的朋友发展关系，对自身的安全是大有好处的。因此，他们试图寻找一种合适的模式，来建立与罗马城的攻守同盟。其他国家，比如埃及、巴比伦、腓尼基甚至希腊，它们都曾坚持要那些非本族类的"野蛮人"签定归顺条约，才肯提供必要的保护。可聪明的罗马人没有这样做。相反，他们给予"外来者"一个平等的机会，让他们成为"共和国"或共同体的一员。罗马人会对"外来者"说："你想加入我们吗？那么尽管来加入吧！我们可以将你视为具有公民权利的罗马公民。但作为回报，当我们的城市遭遇外敌入侵时，需要你和我们一起全力为它而战！"于是这些"外来者"有感于罗马人对他们的慷慨，便以无比坚定的忠诚来报答罗马。

在古希腊，每当某座城市遭受攻击的时刻，所有外国居民总是以最快的速度逃之夭夭。他们认为，这里不过是他们临时寄居的场所，只有缴纳了税款，主人才会勉为其难地接待，凭什么要冒着生命危险去保卫对自己不存在丝毫意义的城市呢？相反，一旦敌人兵临罗马城下，所有的拉丁人便会不约而同地拿起刀剑。因为这时他们共同的母亲正在遭受危难。也许有些人居住在160千米之外，在其有生之年从未去过罗马城，但他们还是视之为自己真正的"家园"。

没有什么灾难能动摇他们对罗马城的深厚情感。公元前4世纪初，野蛮的高卢人气势汹汹地闯进意大利。他们在阿里亚河附近击溃了罗马军队，浩浩荡荡地向罗马进军，最终顺利拿下了这座城市。他们以为罗马人会主动以屈辱的条件乞求和平。于是他们悠闲地等待着，可等了好久什么也没发生。不久之后，高卢人突然发现自己陷入了包围之中，四处遍布着充满敌意的眼睛和紧闭

阅读理解

罗马人在外敌入侵面前，最终取得了胜利。这与前文提的他们所采用的"公民权"是密不可分的。这是他们强盛的原因所在。

的门户，使他们根本无法得到必需的给养。在艰难地支撑了七个月后，他们狼狈地撤离了。罗马人以平等之心接纳"外来者"的政策使他们在战争中获得了巨大成功，这也是罗马空前强盛的原因之一。

罗马帝国的形成

罗马帝国的产生是偶然的。甚至没有人去策划它，它就自然而然地形成了。

当然，罗马也造就过众多战功卓著的将军和许多杰出的政客及刺客，罗马军队在世界各地所向披靡。但罗马帝国的产生并非出于一个精心的策划。普通罗马人都是些非常务实的人，他们不喜欢探讨关于政府的理论。事实上，罗马攫取越来越多的土地，仅仅是因为环境迫使它必须攫取土地。它的扩张并不是出于野心或贪婪的驱使。罗马人天生愿意做安分守己的农民，宁愿一辈子呆在家里。不过一旦受到攻击，他们就会奋起自卫。

阅读理解
展现了罗马人良好的品性。

敌人正巧来自海外，需要去遥远的国度对他们展开反击。此时，任劳任怨的罗马人便会跨越数千英里艰苦乏味的路程，去打垮这些危险的敌人。当任务完成之后，他们又留下来管理新征服的土地，以免它落入四处游荡的野蛮部族之手，构成对罗马安全的新威胁。

公元前203年，西皮奥率军渡过阿非利加海，将战火

烧到非洲。迦太基紧急召回汉尼拔。由于汉尼拔率领的雇佣军士气低落，并不真心为迦太基而战，因此他在扎马附近被击败。罗马人要求他投降，但汉尼拔逃往亚洲的叙利亚和马其顿寻求支持。

叙利亚和马其顿的统治者当时正策划远征埃及，企图瓜分富饶的尼罗河谷。埃及国王听闻了风声，急忙向罗马人求援。可是，一贯缺乏想象力的罗马人在大戏还未开演前就粗暴地拉上了帷幕。罗马军团一举摧毁了马其顿人沿用的希腊重装步兵方阵。

随后，罗马人向半岛南部的阿提卡进军，并通知希腊人，要把他们解放出来。可多年的半奴役生涯，并未使希腊人学得聪明一点，他们把新获得的自由耗费在最无意义的事情上——所有的希腊城邦再度陷入无休止的相互争吵中，一如它们在光荣的旧时代的所为。显然，罗马人的政治理解力还达不到这般精妙的程度，他们不喜欢这个民族内的愚蠢争论。起初他们极力容忍，可漫天飞舞的谣言终于使务实的罗马人失去了耐性。他们攻入希腊，焚毁柯林斯城以警告其他城邦，并派遣一名总督去统治雅典这个骚动不安的省份。这样，马其顿和希腊变成了保卫罗马东部边疆的缓冲区。

此时，越过赫勒斯蓬特海峡就是叙利亚国王安蒂阿卡斯三世统治着的广袤土地。当其尊贵的客人——汉尼拔将军向他解释入侵意大利、掠夺整个罗马城将是一件轻而易举的事情时，安蒂阿卡斯三世不禁跃跃欲试。

卢修斯·西皮奥被派往小亚细亚，他是入侵非洲并在扎马大败汉尼拔及其迦太基军队的西皮奥将军的弟弟。公元前190年，他在玛格尼西亚附近摧毁了叙利亚军队。不久后，安蒂阿卡斯被自己的人民私刑处死，小亚细亚便成为了罗马的保护地。

于是，罗马共和国最终成为了地中海周围大片土地的主人。

罗马帝国的人民

罗马军队从无数战斗中凯旋，罗马人民举行了盛大的游行来欢迎他们。可惜，这种突然的荣耀，并未让人民的生活变得幸福一些。相反，绵延不绝的征战使农夫们疲于应付国家的兵役，农事也荒废了，毁掉了他们的正常生活。通过战争，那些功勋卓著的将军及他们的亲朋好友掌握了太大的权力。他们以战争之名，来满足个人利益。

古老的罗马共和国崇尚简朴，许多著名人士都过着非常朴素的生活。可如今的共和国却追求奢侈浮华，耻于简朴的物质生活，早把先辈时代流行的崇高的生活准则丢到了九霄云外。罗马变成了一个由富人统治、为富人谋利、被富人享有的地方。这样一来，便注定了它灾难性的结局。

在短短不到150年的时间里，罗马事实上成为了地中海沿岸所有土地的主人。在早期历史中，作为一名战俘，其命运肯定是失去自由，被卖为奴隶。罗马人将战争视为生死存亡的事情，对被征服的敌人毫无怜悯之心。迦太基陷落后，当地的妇女和儿童被捆绑着，与他们的奴隶一起被卖为奴隶。而那些敢于反抗罗马统治的希腊人、马其顿人、西班牙人、叙利亚人，也得到了同样的结局。

在两千年前，一名奴隶仅仅是机器上的一个零件，正如现代的富人投资工厂一样，古罗马那些有钱人，如元老院成员、将军、发战争财的商

人，则将自己的财富用于购买土地和奴隶。土地来自于新征服的国家。奴隶在各地的市场上公开出售。在公元前3世纪和2世纪的大部分时间里，奴隶的供应一直相当充足。因此，庄园主们可以像牛马一样尽情驱使他们的奴隶，直到他们精疲力竭地倒在田地边死去。

现在，让我们再来看看普通罗马农民的命运！

他们尽心尽力为罗马而战，毫无怨言，因为这是他们对祖国应尽的职责。可经过十年或二十年的漫长兵役后回到家乡，才发现自家田地里荒草丛生，房屋也毁于战火。于是坚强的罗马农民重新开始生活。他们拔去杂草，翻耕土地，播种，劳作，耐心等待收成。终于盼到了收获季节，他们兴奋地将谷物、牲畜、家禽运到市场，才发现大庄园主用奴隶替他们耕种大片土地，其农产品的价格比这些辛勤工作的农民预想的低好多。他们不得不将农产品低价出售。如此苦苦支撑几年，他们终于绝望了，只好抛弃土地，离乡背井，去城市谋生。可在城市，他们依然填不饱肚子。这些同命运的人们聚居在大城市郊区肮脏污秽的棚屋里，糟糕的卫生条件使他们极易患病，而一旦染上瘟疫便必死无疑。他们个个心怀不满，怨气冲天，心想：我们都曾为祖国而战，可祖国竟如此回报我们！因此，他们更愿意倾听演说家们的煽动言辞。这些所谓的演说家别有用心地把这群饿鹰似的人们聚集在自己身旁，很快便成为了国家的严重威胁。

新兴的富人对此满不在乎，"我们拥有军队和警察，"富人们说道，"他们能让暴徒们保持安静"。然后，他们便躲进自己高墙环绕的舒适别墅，惬意地生活着。

罗马帝国的黄昏

公元476年，末代罗马皇帝被赶下了宝座，标志着罗马帝国灭亡。不过正如罗马的建立并非朝夕之功，罗马的灭亡也是一个缓慢消亡的过程，以致绝大多数罗马人根本没有觉察到他们热爱的旧世界气数已尽。他们抱怨时局的动荡，感叹生活的艰难，食品价格越来越高，可薪水却少得可怜。他们诅咒奸商们囤积商品的行为，这些人垄断了谷物、羊毛和金币，只管自己牟取暴利。偶尔的反抗也不过是遇上了一个贪得无厌、横征暴敛的总督。不过总的说起来，在公元头四个世纪里，大多数的罗马人依旧过着正常日子。他们照常吃喝，他们照常爱恨，他们照常去剧场。当然，像所有时代一样，也有不幸的人们饿死。但是，人们一点也没有觉察，他们的帝国将要面临灭亡的命运。

他们怎么意识得到迫在眉睫的危险呢？罗马帝国此时还正在处处显示着辉煌繁荣的外景。有宽阔畅通的大道连接各个省份；边界防御良好，使居住在欧洲北部荒野的蛮族不能越雷池一步；全世界都在向强大的罗马进贡纳税；而且，还有一群精明能干的人们在夜以继日地工作，试图纠正过去的错误，争取使帝国重返共和国早期的幸福岁月。但是，罗马帝国的根基已经锈蚀，造成它衰败的深层原因从未被弄清楚，因此任何改革都不能挽救其注定灭亡的命运。

从根本上说，罗马首先且一直是一个城邦，跟古希腊的雅典或科林斯区别不大。它有足够的能力主宰整个意大利半岛。可要做整个文明世界的统治者，罗马从政治上说是不合格的，从实力上讲是无法承受的。它的年轻人大多数死于常年的战争。它的农民被沉重的军役和赋税拖垮，不是沦为职业乞丐，就是受雇于富有的庄园主，以劳动换取食宿，成为依附于富人们的"农奴"。这些不幸的农民既非奴隶，也不是自由民，他们像树木和牲畜一样，成为他们所侍奉的那块土地上的附属品，终身无法离开。

帝国的荣耀是最高目标。国家意味着一切，普通公民则什么也不是。至于悲惨的奴隶，他们并不反抗自己的主人，相反，他们被教导要温柔顺从，尽力遵照主人的意旨行事。不过，既然眼

阅读理解

这里解释了罗马帝国之所以会灭亡的原因：对人民的残酷，对奴隶的残酷，最终导致了他们没有坚强的后盾。

人类的故事

前的世界无非是一个悲惨的寄身之所，不能有所改进，奴隶们也就全然丧失了对现世的兴趣。他们宁愿"打那美好的仗"，为进入天堂乐土而倾力付出。但他们不愿为罗马帝国打仗，因为那不过是某个野心勃勃的皇帝为渴求更多更辉煌的胜利。

这样，一个又一个世纪过去了，情形变得越来越糟。最初几位罗马皇帝还肯保持"领袖"传统，授权部族的头人管住各自的属民。可二三世纪的罗马皇帝却是些职业军人，变成了地地道道的"兵营皇帝"，其生存全系于他们的保镖，即所谓禁卫军的忠诚。皇位的轮换如走马灯，靠着谋杀劈开通向帝王宝座的道路。随后，篡位者又迅速地被谋杀，因为另一个野心家掌握了足够的财富，能贿赂禁卫军发动新一轮的政变。

与此同时，野蛮民族也敲开了北方边境的大门。由于已经没有可抵御侵略的本土罗马士兵，于是只能招募些外国雇佣兵去对付来犯者。如果恰巧这些外国雇佣兵与他抗击的敌人属于同一种族，他们在战斗中对敌人就会产生怜悯之情。最后，皇帝采取了一种新措施，允许一些野蛮部族进入帝国境内定居。于是其他的部族也纷纷挤进罗马城。不过这些人很快就怨气冲天，因为贪婪的罗马税吏夺走了他们仅有的一切。当他们的呼声不能得到重视时，他们便进军罗马。

这样的事情发生多了，作为帝国首都的罗马变成了一个令人不快的居所。康士坦丁皇帝（公元272至337年在位）开始寻找一个新首都。他选择了位于欧亚之间的通商门户拜占庭，将其重新命名为君士坦丁堡，把皇宫迁到这里。康士坦丁死后，为更有效率地管理，他的两个儿子便将罗马帝国一分为二。哥哥住在罗马，统治帝国的西部；弟弟留在君士坦丁堡，成为东罗马的主人。

接下来到了公元4世纪，可怕的匈奴人侵入欧洲。这些神秘的亚洲骑兵在欧洲北部整整驰骋了两个世纪，直到公元451年在法国沙隆的马恩河被彻底击败为止。当匈奴人进军到多瑙河附近，对当地定居的哥特人产生了极大的威胁。为了生存，哥特人被迫侵入罗马境内。22年后，同一群西哥特人在国王阿拉里克的率领下，向西挺进，袭击了罗马。他们没有大肆劫掠，只是毁坏了几座宫殿。接着来犯的是汪达尔人，他们对这座城市纵火抢劫，造成极大的破坏。接下来是勃艮第人，然后是东哥特人、阿拉曼尼人、法兰克人……侵略似乎没完没了。罗马最终变成了任何野心家都唾手可得的猎物。

 名家点拨

罗马帝国对西方文明的发展作出了重要的贡献。作者在这里详尽地介绍了它为什么能够建立而又为什么会灭亡。这与他们所实施的公民政策是分不开的。从这里我们也可以看出，一个国家要想强盛，要想持续，就必须建立一个合理的公民政策，这样一个国家才会有"人民"这个坚强的后盾来做保障。

第9章 查理曼大帝

名家导读 *

查理曼是神圣罗马帝国的第一任君主。他勇武善战，善恶分明。这样一位伟大的君主是怎样运用他的才能建立起他的查理曼帝国的呢？他又是在什么样的背景下完成了他伟大的基业的呢？

普瓦捷战役后，欧洲内部的敌人却依然存在，并几乎无时无刻不在威胁着欧洲的安全。"罗马警官"撤走后，随之而来的是混乱和无序。虽然欧洲北部那些新近皈依基督教的民族，对威望崇高的罗马主教怀有深刻的敬意，但是当可怜的主教大人远眺北方的巍峨群山时，却并没有感觉到安全。没有人知道哪天又有支蛮族部落会突然崛起，在一夜之间跨越阿尔卑斯山，出现在罗马的城门前。这位世界的精神领袖感觉有必要寻找一位刀剑锋利、拳头结实的同盟者，以便在危难时刻随时保护教皇陛下的安全。

于是，教皇们开始处心积虑，物色起盟友来。很快，教皇将目光投向了一支最有希望的部落——日耳曼部落。这支部落在罗马帝国覆灭之后便一直占据着西北欧洲，也就是法兰克人。他们早期的一位国王名叫墨罗维西，在公元451年的加泰罗尼亚战役中，他曾帮助罗马人一起击败过纵横欧洲的匈奴人。他的子孙建立起墨洛温王朝，并一点一滴地蚕食罗马帝国的领土。到公元486年，国王克洛维斯自觉已经积累了足够的实力，可以向罗马人叫阵了。不过他的子孙都是些懦弱无能之辈，把国事全部委托给首相，即所谓的"宫廷管家"。

查理·马泰尔的儿子矮子丕平继承父业成了首相，但对所面临的局势却一筹莫展。国王全心全意侍奉上帝的神学家，对政治却漠不关心。丕平只好向教皇大人请教，非常务实的教皇告诉他，国家的权力应该归于实际控制它的人。丕平马上领会了教皇的言下之意，于是劝说墨罗温王朝的最后一位国君蔡尔特里克出家去当僧侣。在征得其他日耳曼部落酋长的同意之后，丕平自立为法兰克国王。不过，仅仅当国王还不能使精明的丕平觉得满意，他还梦想着得到比日耳曼部落酋长更高的荣耀。他精心策划了一个加冕仪式，邀请西北欧最伟大的传教士博尼费斯为他涂抹膏油，封他为"上帝恩许的国王"。于是，"上帝恩许"这个字眼轻易地溜进了加冕仪式之中，过了几乎1500年才把它清除出去。

阅读理解
国王对政治的漠视正是丕平自立为王的前提。

丕平对教会的善意扶持表示衷心的感激。他两次远征意大利，与教皇的敌人作战。他从伦巴德人手中夺取了拉维纳及其他几座城市，将它们奉献给神圣的教皇陛下。教皇将这些新征服的领地并入所谓的"教皇国"。

阅读理解
这里"上帝恩许"加上了引号，具有反语的作用。也表明了作者对此持否定态度。

丕平死后的公元768年，查理曼继任为法兰克国王。查理曼征服了德国东部原属撒克逊人的土地，并在欧洲北部大量兴建城镇和教堂。应阿布·艾尔·拉赫曼的敌人之邀，查理曼侵入西班牙，与摩尔人激战。但在比利牛斯山区，他遭到野蛮的巴斯克人的袭击，被迫撤退。就在这关键时刻，布列塔尼亚侯爵罗兰挺身而出，展现出一个早期法兰克贵族效忠国王的精神。为掩护皇家军队撤退，罗兰牺牲了自己和他忠诚部属的生命。

不过，到了公元8世纪的最后10年，查理曼不得不将其全部精力放到解决欧洲南部的诸多纠纷之上。教皇利奥八世受到一群罗马暴徒的袭击，暴徒们以为他死了，将他的"尸体"随便扔在大街上。一些好心的路人为教皇包扎伤口，并帮助他逃到查理曼的军营。一支法兰克军队被迅速派出，平定了罗马城的骚乱。到公

元799年12月，即教皇被袭事件发生后第二年的圣诞节，查理曼当时呆在罗马，正在圣彼得古教堂参加一场盛大的祈祷仪式。当查理曼念完祷词准备起身之际，教皇把一顶事先准备好的皇冠戴在他头上，宣布他为罗马皇帝，并且以好几百年没有使用过的"奥古斯都"的伟大称号，带领众人向他热烈欢呼。

现在，欧洲北部再度成为罗马帝国的一部分了。查理曼精于作战，在一段时期内恢复了欧洲的和平与秩序。过不多久，甚至连他的对手，君士坦丁堡的东罗马皇帝也写信给这位"亲爱的兄弟"，向他表达亲睦与赞许。

很不幸，这位精明能干的查理曼死于公元814年。查理曼一死，他的儿孙立即为争夺最大份额的帝国遗产，相互攻伐，激战连连。卡罗林王朝的国土被两次瓜分，一次是根据公元843年的《凡尔登条约》，一次是根据公元870年在缪士河畔签订的《默森条约》。后者把整个法兰克王国一分为二。"勇敢者"查理接管了帝国的西半部分，包括旧罗马时代的高卢行省。在这一地区，当地居民的语言早已全盘拉丁化，这就是法兰西这样一个纯属日耳曼民族的国家，用的却是拉丁语的原因。

查理曼的另一个孙子获得了帝国的东半部分，即被日耳曼族人称为"日耳曼尼"的地方。这片蛮荒强悍的土地从来就不属于罗马帝国的辖区。奥古斯都大帝（屋大维）曾试图征服这片"遥远的东方"，不过当公元9年他的军队在条顿森林全军覆没后，他再未做过此类尝试。该地区的居民没有受过高度发展的罗马文明的教化，他们使用的是普通的条顿方言。

至于那顶众人觊觎的帝国皇冠，它很快从卡罗林王朝继承者的头上，回到意大利平原，成为一些小君主、小权谋家手里的玩物。他们相互争斗，通过屠杀和流血盗得皇冠，不久便为另一个更强大的邻居夺走。可怜的教皇再度卷入是非的漩涡，被敌人四面包围，他被迫向北方发出求救的呼吁，不过这次他没找西法兰克王国的统治者。他的信使翻越阿尔卑斯山，去拜见撒克逊亲王奥托，他是当时日耳曼各部落所公认的最伟大领导者。

奥托和他的日耳曼族人一样，向来对意大利半岛的蔚蓝天空和欢快美丽的人民抱有好感。一听到教皇陛下的召唤，他马上率兵救援。作为对奥托忠心效劳的酬报，教皇利奥八世封他为"皇帝"。从此，查理曼王国的东半部分便成为了"日耳曼民族的神圣罗马帝国"。

这个奇怪的政治产物存在了830多年。直到公元1801年，突然被人毫不留情地扫进了历史垃圾堆。摧毁这个旧日耳曼帝国的粗野家伙来自法国科西嘉岛，他的父亲是一位循规蹈矩的公证员。他靠着在法兰西共和国服役期间的军功而飞黄腾达，他统帅的近卫军团都骁勇善战。依靠这支强大的部队，这个人成为了欧洲事实上的统治者，不过他的梦想并没有就此止步。他派人从罗马把教皇请来，为他举行加冕仪式，宣布他是查理曼大帝光荣传统的继承人。这个人就是历史上著名的拿破仑将军。历史和人生一样变幻无常，却也是在不断地重蹈覆辙。

 名家点拨

　　乱世出英雄，查理曼大帝就是在那个时局动荡的情况下成就了他的伟大事业。作者先介绍了查理曼所在时代的背景，然后介绍了他所建立的帝国以及帝国后来的灭亡。将查理曼大帝以及他的父亲丕平等展现到了我们的面前。

第10章 十字军东征

名家导读

　　十字军东征是一系列的宗教性军事行动。那么它为什么叫做"十字军"，又为什么要东征呢？它东征了多少次，最后结果怎样了呢？

　　300年来，除了在欧洲的两个门户——西班牙和东罗马帝国之外，基督徒和穆斯林之间还算保持着基本的和平。在公元7世纪，穆罕默德的信徒征服了叙利亚，控制了基督教的圣地。但他们同样把耶稣视为一位伟大的先知，并不阻止前来朝圣的基督徒。在康士坦丁大帝的母亲圣海伦娜于圣基的原址上修建的大教堂里，基督朝圣者被允许自由祈祷。可到了11世纪，来自亚洲荒原的一支鞑靼部落，人称塞尔柱人或土耳其人，他们征服了西亚的穆斯林国家，成为基督教圣地的新主人。于是，基督教和伊斯兰教相互妥协的时期就此结束。土耳其人从东罗马帝国手里夺取了小亚细亚的全部地区，使东西方之间的贸易陷入完全停滞。

　　东罗马皇帝阿历克西斯平常将心思全部放在东方，对西方的基督教邻居少有理会，此时却向欧洲的兄弟们求援。他指出，一旦土耳其人夺取君士坦丁堡，使通向欧洲的大门打开，他们一样将陷入土耳其骑兵的直接威胁之下。

　　一些意大利城市在小亚细亚和巴勒斯坦沿岸拥有小块的贸易殖民地。由于担心失去自己的财产，便散布一些可怕的故事，绘

阅读理解

从这里可以看出，基督教和伊斯兰教的矛盾已经开始。这为十字军东征做了铺垫。

声绘色地描述土耳其人是何等残暴且如何迫害、屠杀当地基督徒的。听到这些故事，整个欧洲沸腾了起来。

当时的教皇是乌尔班二世。他生于法国的雷姆斯，在格利高里七世授教过的著名的克吕厄修道院接受过教育。他想，现在是应该采取行动的时候了。当时欧洲的状况不仅远不能令人满意，甚至称其糟糕也不为过。由于依然采用原始的农耕方法，欧洲经常处于粮食短缺的危险状态。大量的失业与饥荒蔓延，很容易引起民怨沸腾，最终导致无法收拾的动乱。而西亚自古以来就是丰足的粮仓，养活着成百上千万人口，无疑是个理想的移民场所。

于是在公元1095年，在法国的克莱蒙特会议上，教皇乌尔班二世先是痛诉异教徒践踏圣地的种种恐怖行为，接着又描绘了这块"流着奶和蜜"的圣地自摩西时代以来是如何滋养着万千基督徒的动人图景。最后，他激励法国的骑士们和欧洲的普通人民鼓起斗志，去将巴勒斯坦从土耳其人的奴役中解放出来。

不久之后，一股不可遏止的宗教狂热歇斯底里地席卷了整个欧洲。人们失去了理性，纷纷扔掉铁锤和锯子，冲出商店，义无反顾地踏上最近的道路，前往东方去杀土耳其人。连小孩子也吵着要离家去巴勒斯坦，以他们幼稚的热情和基督徒的虔诚感化土耳其人，呼吁他们悔改。不过在这些狂热的信徒中，绝大部分人连看一眼圣地的机会都没有。他们通常身无分文，被迫沿途乞讨或偷盗以维持生计。

第一支十字军是由诚实的基督徒、无力履行义务的破产者、穷困潦倒的没落贵族以及逃避法庭制裁的罪犯所组成的混乱的队伍。他们乱哄哄、纪律涣散地在半疯癫的隐士彼得和"赤贫者"瓦特的领导下开始了远征。作为惩罚异教徒的第一步，他们把一路上碰见的所有犹太人统统杀掉。他们只勉强前进到匈牙利，然后便全军覆没了。

这次经历给了教会一个深刻的教训：单凭热情是无法解放圣

阅读理解
从这句话可以看出，人们对于土耳其的仇恨已经深入人心。

阅读理解
这样的一支部队又怎可能成功呢？这为他们后来的失败埋下了伏笔。

地的，细致的组织工作才是关键，这二者都是十字军事业成功必不可少的因素。于是欧洲花费了一年时间，训练和装备了一支二十万人的军队，由一些深谙作战技巧、经验丰富的贵族将领指挥着。

于是在公元1096年，第二支十字军开始了其漫长的征程。到达君士坦丁堡后，骑士们神情庄严地向东罗马皇帝举行了宣誓效忠仪式。随后他们渡海到亚洲，沿途杀掉所有被俘的穆斯林。他们所向披靡，对耶路撒冷发动了暴风雨般的攻击，并屠杀了该城所有的穆罕默德的信徒。最后，他们流着虔诚与感恩的泪水，进军圣墓去赞美伟大的上帝。可不久后，土耳其人的精锐援军赶到，重新夺取了耶路撒冷。作为报复，他们又杀光了所有忠于十字架的信徒。

在接下来的两个世纪里，欧洲人继续发动了七次东征。十字军战士们逐渐学会了前往亚洲的旅行技巧。陆路行程太艰苦，也太危险。他们情愿先越过阿尔卑斯山，到意大利的威尼斯或热那亚，然后再搭乘海船去东方。精明世故的热那亚人和威尼斯人把这桩运送十字军跨越地中海的服务做成了有厚利可图的大生意。他们索取高额旅费，当十字军战士付不出这个价钱时，这些意大利"奸商"便先允许他们上船，但要"一路工作以抵偿船费"。往往为了偿付从威尼斯到阿克的旅费，十字军战士得答应为船主进行一定量的战斗，用获得的土地还钱。通过这种方法，威尼斯大大增加了控制的土地，最后，连雅典也成为了一块名副其实的威尼斯殖民地。

当然，这一切都无助于解决棘手的圣地问题。当最初的宗教狂热渐渐褪去，古老的热情已经不复存在。最初，十字军战士怀着对穆斯林的刻骨

仇恨，对东罗马帝国及亚美尼亚的基督徒群众的极大爱心，开始其艰苦的远征，如今却经历了内心的巨变。他们开始憎恨拜占庭的希腊人，他们同样憎恨亚美尼亚人以及所有东地中海地区的民族。相反，他们逐渐学会欣赏穆斯林敌人的种种品行，事实证明他们是豪爽公正的对手，值得尊重。

当然，谁也不会把这些情绪公开流露出来。可一旦十字军战士有机会重返故里，他们便可能模仿刚从异教徒敌人那里学来的新奇迷人的优雅举止。十字军战士还从东方带回来几种异国的植物种子，比如桃子和菠菜，种进自己的菜园里，不仅可以换换餐桌上的口味，还能拿到市场出售。他们抛弃披挂厚重铠甲的粗野习俗，转而模仿伊斯兰教徒及土耳其人的样子，穿起了丝绸或棉制的飘逸长袍。事实上，十字军运动最初是作为惩罚异教徒的宗教远征，到后来却变成了对成百万欧洲青年进行文明启蒙的教育课，其间的沧桑真的是耐人寻味。

从政治和军事观点来看，十字军东征彻底失败了。虽然十字军曾在叙利亚、巴勒斯坦及小亚细亚建立起一系列小型的基督教王国，可它们最终一一被土耳其人重新征服。到公元1244年，耶路撒冷仍稳稳控制在穆斯林手中，变成了一个完全土耳其化的城市。圣地的状况和公元1095年之前相比并未发生任何变化。

不过，因为十字军运动，欧洲经历了一场深刻的变革。西方人民有幸看到了东方文明的灿烂与优美。这使得他们不再满足于无趣阴沉的城堡生活，转而寻求更宽广、更富活力的生活。而这些是教会和封建国家都没有办法给予他们的。人们在城市中找到了他们想要的生活。

阅读理解

可以看出十字军东征对于交流沟通起到了一定的作用。

 名家点拨

　　十字军东征持续了将近200年，罗马教廷建立世界教会的企图不仅完全落空，而且由于其侵略暴行和本来的罪恶面目，使教会的威信大为下降。后世史家这样评论十字军东征："在某种意义上说，比失败还更坏些。"

美绘版

第11章 文艺复兴

名家导读 ✱ ✿

13世纪末期，在意大利商业发达的城市，新兴的资产阶级中的一些先进的知识分子借助研究古希腊、古罗马艺术文化，通过文艺创作，宣传人文精神，这就是"文艺复兴"。它带来一系列科学与艺术的革命，揭开了近代欧洲历史的序幕，被认为是中古时代和近代的分界。

文艺复兴的开始

文艺复兴是指一种精神状态，而不同于一般的政治或者宗教运动。

文艺复兴时期的人们依然服从教会。他们仍旧是国王、皇帝、公爵统治下的顺民，并无任何抱怨。

不过，他们看待生活的态度彻底转变了。他们穿的服装开始变得五颜六色，言语也变得丰富多彩。他们不再一心一意地盼望天国，把所有的思想与精力都集中在等待他们的永生之上。他们开始尝试，把现在生存的这个世界变成天堂。为此他们取得了很大的进步和非凡的成就。

于是，文艺复兴也随之开始了，城市和宫殿一瞬间被渴望知识的灿烂之光照得透亮。

事实上，很难在中世纪和文艺复兴时期之间划出一条明显的界限。13世纪当然是属于中世纪的，所有历史学家都同意这一点。但13世纪不仅仅是一个充斥着黑暗与停滞的时代。这时候的人民活跃异常，大的国家在建立，大的商业中心在蓬勃发展。在城堡塔楼和市政厅的屋顶之旁，新建的哥特式大教堂的纤细塔尖高高矗立，炫耀着前所未有的辉煌。世界各地都生机勃勃。市政厅里满是显赫的绅士们，他们开始意识到自己的力量，正为争夺更多的权力与他们的封建领主展开斗争。

在中世纪，一位聪明人自言自语道："我已经发现了一个伟大的真理。我必须把自己的知识告诉别人！"这样，当他能聚集起几个听众时，他便开始不辞劳苦地传播他的思想。他才思敏捷、言语生动，是一位出色的宣传家，人们都围拢来，听他到底讲了些什么。

渐渐地，有一帮青年人开始固定来听这位伟大导师的智慧言辞。他们随身还带了笔记本、一小瓶墨水儿和一支鹅毛笔。一听到仿佛很重要、很睿智的话语，他们便赶紧记录下来。某日，天公不作美，老师正讲在兴头上，突然下起雨来。于是，意犹未尽的老师和他的青年学生们一起转移到某个空地下室或者干脆就是"教授"的家，继续讲演。这位学者坐在椅子上，学生们席地围

阅读理解
作者在这里讲述了大学的形成过程。也可以看出人们内心对知识的渴望。

坐。这就是大学的开始。

下面我来讲一个例子。9世纪时，在那不勒斯的萨莱诺小城，有许多医术非常高明的医生。他们吸引了许多有志于从医的人们前来求教。于是就产生了延续将近一千年的萨莱诺大学。它主要教授希波克拉底传下来的医学智慧。这位伟大的希腊医生生活在公元前5世纪，曾在希腊半岛广施医术，造福于当地人民。

还有阿贝拉德，一位来自布列塔尼的年轻神父。12世纪初期，他开始在巴黎讲授神学和逻辑学。数千名热切的青年蜂拥到巴黎这座伟大的法国城市，聆听他渊博的学问。有一些不同意阿贝拉德观点的神父也站出来阐述他们的理论。不久之后，巴黎便挤满了一大群吵吵嚷嚷的英国人、法国人和意大利人，甚至有的学生自遥远的瑞典和匈牙利赶来。这样，在一个塞纳河小岛的老教堂附近，诞生了著名的巴黎大学。

由此可见，中世纪，特别是13世纪，并非是一个完全停滞不前的时代。在年轻一代里面，蓬勃的生机和焕发的热情四处洋溢。即便仍有些地方出了问题，可他们内心是躁动的，急于求知的。正是在这种不安和躁动中，文艺复兴诞生了。

中世纪最后一位诗人

就在中世纪这个舞台的帷幕落下之前，还有一个孤独凄凉的身影从台上走过，他就是但丁，他的父亲是佛罗伦萨的一位律师，属于小有名气的阿里基尔家族的一员。但丁生于1265年，在祖辈们生活的佛罗伦萨长大。

当但丁长大以后，他参加了奎尔夫派。原因很简单，他的父亲是奎尔夫派成员。不过数年之后，但丁看到，若再没有一个统一的领导者，意大利将因数千个小城市出于妒意而相互倾轧，最终走向毁灭。于是，他改投了支持皇帝的吉伯林派。

他的目光越过阿尔卑斯山，寻求北方的支持。他希望能有一位强大的皇帝前来整顿意大利混乱的政局，重建统一和秩序。可惜，他的等待成空，梦想化为徒劳。1302年，吉伯林派在佛罗伦萨的权力斗争中败北，其追随者纷纷被流放。从那时开始，但丁成了一个无家可归的流浪汉，直到1321在拉维纳城的古代废墟中孤独死去。这期间，但丁靠着许多富有的保护人餐桌上的面包果腹。这些人本来将为后人彻底遗忘，但因为他们对一位落魄中的伟大诗人的善心，他们的名字流传了下来。

　　在长年的流亡生涯中，但丁越来越迫切地感觉到一种需要，他必须为当年自己作为一位政治领袖的种种行为辩护。

但丁的政治雄心以彻底失败告终。虽然他曾满怀赤诚地为生养他的佛罗伦萨效力，可在一个腐败的法庭上，他被无端指控为盗取公共财富，处以终身流放的刑罚。如果他胆敢擅回佛罗伦萨，就将被活活烧死。为了对着自己的良心、对着同时代的人们洗清冤屈，作为诗人的但丁创造出一个幻想的世界，详细叙述了导致他事业失败的种种因素，并描绘了无可救药的贪婪、私欲和仇恨是如何把自己全心热爱的美丽祖国变成了一个任邪恶自私的暴君们相互争权夺利的战场的。

　　他向我们叙述了在1300年复活节前的那个星期四，他在一片浓密黝黑的森林里迷失了方向，而前路又被一只豹子、一只狮子和一只狼阻挡住了。正当他绝望之时，一个身披白衣的人物从树丛中浮现。他就是古罗马诗人与哲学家维吉尔。随后，维吉尔领着但丁踏上了穿越炼狱和地狱的旅程。曲折的道路将他们引向越来越深的地心，最后到达地狱的最深处，魔鬼撒旦在这里被冻成永恒的冰柱。围绕着撒旦的，是那些最可怕、最可恨的罪人、叛徒、说谎者，以及那些不赦之徒。不过在这两位地狱漫游者到达这个最恐怖之地前，但丁还遇见了许多在佛罗伦萨历史上举足轻重的人物——皇帝们和教皇们，勇猛的骑士和满腹牢骚的高利贷者，他们全都在这里，或者被注定永远受罚，或者等待离开炼狱前往天堂的赦免之日。

这个故事看似很怪诞，但却是一部全面介绍13世纪人文景象的百科全书。这位佛罗伦萨的流亡儿子始终是故事的主角，他身边永远笼罩着绝望的阴影。

新时代的热情者

当死亡之门即将在但丁身后重重关闭之时，生命的大门才刚刚向一位日后将成为文艺复兴先驱者的婴儿敞开。他就是后来被喻为"人文主义之父"的弗朗西斯科·彼特拉克，他的父亲是意大利阿雷住小镇的一位公证员。

彼特拉克的父亲与但丁同属一个政治党派。他同样在吉伯林政变失败后被流放，因此彼特拉克出生在佛罗伦萨之外的地方。在15岁的时候，彼特拉克被送到法国的蒙彼利埃学习法律，以便日后像他父亲一样当一名律师。不过这个大男孩儿一点儿不想当律师，他厌恶法律。他真正想做的是一位学者和诗人。正因为他对成为学者和诗人的梦想超过了世界上其他的一切，像所有意志坚强的人们一样，他最终做到了。他开始长途漫游，在弗兰德斯、在莱茵河沿岸的修道院、在巴黎、在列日，最后在罗马，到处抄写古代手稿。随后，他来到沃克鲁兹山区的一个寂静山谷里居住下来，勤奋地从事研究与写作。很快，他的诗歌和学术成果使他声名鹊起，巴黎大学和那不勒斯国王都向他发出邀请，让他去为学生和市民们讲学。在奔赴新工作的中途，他必须路过罗马。作为专门发掘被遗忘的古代罗马作家的编辑者，彼特拉克在罗马城早已家喻户晓。市民们决定授予他至高的荣誉。那一天，在帝国城市的古代广场上，彼特拉克被加冕了诗人的桂冠。

从那时开始，彼特拉克的一生充满着无穷的赞誉和掌声。他描绘人们最乐意听到的事物。人们已厌倦了枯燥乏味的神学辩论，渴望丰富多彩的生活。彼特拉克歌颂爱、歌颂自然、歌颂永远新生的太阳，他绝口不提那些阴郁的事物。每当他莅临某座城市，全城的男女老少都蜂拥去迎接他，就像欢迎一位征服世界归来的英雄。如果他碰巧和自己的朋友——讲故事的高手薄伽丘一道，欢迎的场面会更加热烈。

于是，在14世纪，面对重新发现的古罗马世界湮灭已久的美，整个意大利都为之疯狂了。很快，他们对古罗马的热情又感染了整个欧洲。于是，就算是发现一部未知的古代手稿，也可以成为人们举行狂欢节的理由。人文主义者，即那些致力于研究"人类"与"人性"，而非把时间精力浪费在毫无意义的神学探索上的学者，他们受到的赞誉和崇敬远远高于刚刚征服食人岛凯旋而归的探险英雄们。

在这个文化复兴的过程中，发生了一件大大有利于研究古代哲学家和作家的事情。土耳其人再度发动了对欧洲的进攻。古罗马帝国最后遗迹的首都——君士坦丁堡被重重围困。1393年，东罗马皇帝曼纽尔·帕莱奥洛古斯派遣特使伊曼纽尔·克里索罗拉斯前往西欧，向西欧人解释拜占庭帝国岌岌可危的处境，并请求他们的支援。可援军永远都不会来。

罗马天主教世界一点不喜欢这些希腊的天主教徒，倒情愿看他们受到邪恶异教徒的惩罚。不过，不管西欧人对拜占庭帝国及其属民的命运有多么漠不关心，但他们对古希腊人却深感兴趣。要知道，连拜占庭这座城市也是古代希腊殖民者于特洛伊战争发生五个世纪后，在博斯普鲁斯海峡边建立的。他们很愿意学习希腊语，以便直接研读亚里士多德、荷马及柏拉图的原著。他们学习的愿望极为迫切，可他们没有希腊书籍，没有语法教材，没有教师，根本不知从何着手。这下好了，佛罗伦萨的官员们得知了克里索罗拉斯来访的消息，马上向他发出邀请。于是，欧洲的第一位希腊语教授开始领着几百个求知若渴的热血青年学习希腊字母。

最后的狂热

这个时候，在大学里面，年事已高的经院教师还在孜孜不倦

阅读理解
给我们展现了一副"追星"的画面，可见彼特拉克是多么受民众的喜爱。

阅读理解
作者在这里运用对比的手法，突出了当时的欧洲人对文艺复兴的热情。

地教着他们的古老神学和过时的逻辑学，一边阐释《旧约》中隐含的神秘意义，一边讨论希腊、阿拉伯、西班牙、拉丁文本中亚里士多德著作里离奇的科学。他们先是惊慌恐惧地旁观事态的发展，继而便勃然大怒。年轻人竟然一个个都离开正统大学的演讲厅，跑去听某个狂热的"人文主义分子"宣扬他"文明再生"的新理论。

他们怨声载道，跑去找当局告状。可是，你能强迫一匹脾气暴烈的野马喝水，你却不能强迫人们对不感兴趣的说辞竖起耳朵。这些老派教师的阵地连连失守，人们都快不理睬他们了。不时地，他们也能赢得几场小胜利。他们和那些从不求得幸福也憎恶别人享受幸福的宗教狂热分子联合作战。

阅读理解
作者在这里运用对比的手法，突出了那些老派教师所面临的无奈。

在文艺复兴的中心佛罗伦萨，旧秩序与新生活之间发生了一场可怕的战斗。一个面色阴郁、对美怀有极端憎恨的西班牙多明我派僧侣萨佛纳罗拉成为中世纪阵营的领导者，他发动了一场堪称英勇的战役。他日复一日不辞辛苦地在费奥里马利亚的大厅里狂吼，警告世人当心上帝的愤怒。"忏悔吧！"他高喊道，"为你们亵渎神灵的行为忏悔吧！"他向孩子们宣传教义，循循善诱这些尚未被"玷污"的灵魂，以免他们重蹈他们的父辈走向毁灭的歧途。他组织了一个童子军，全心全意地侍奉伟大的上帝，并自诩为他的先知。在一阵突然的狂热发昏之中，心怀恐惧的佛罗伦萨市民答应改过，忏悔他们对美与欢乐的热爱。他们把自己拥有的书籍、雕塑和油画交出来，运到市场上放成一堆，以狂野的方式举行了一个"虚荣的狂欢节"。人们一边唱着圣歌，一边跳着最不圣洁的舞蹈。而这时候，萨佛纳罗拉忙着投掷火炬，焚烧成堆的艺术珍品。

不过当灰烬冷却后，人们才开始意识到自己失去了什么。这个可怕的宗教狂热分子竟使得他们亲手摧毁了自己刚开始学会去爱的事物。他们转而反对萨佛纳罗拉，将他关进监狱。萨佛纳罗拉受到严刑折磨，可他拒绝为自己的所作所为忏悔。他是一个诚实的人，一直尽心尽力地过圣洁的生活。他很乐意毁灭那些蓄意与其信仰相违的人。无论他在哪里发现"罪恶"，消灭这些"罪恶"便是他义不容辞的责任。在这位教会的忠诚儿子眼里，热爱异教的书籍与异教的美本来就是一种罪恶。不过，萨佛纳罗拉完全孤立无援，他是在为一个已经寿终正寝的时代打一场无望的战争。罗马的教皇甚至从未动一根指头来搭救他。相反，当忠实的佛罗伦萨子民把萨佛纳罗拉拖上绞刑架绞死时，教皇毫无表示地默许了。

这个结局是悲惨而不可避免的。萨佛纳罗拉如果生在11世纪肯定会成为一名伟人。可他生在15世纪，他领导的注定是一场失败的事业。不管怎么说，连教皇都向人文主义转变，梵蒂冈成为了古罗马和古希腊文物的重要的博物馆，此时，中世纪已经走到头了。

 名家点拨

中世纪是一个愚昧、落后的时代，可是在中世纪末期，文艺复兴到来了，它的到来改变了一切，改变了人类的命运，揭开了近代欧洲历史的序幕。

第12章 地理大发现

名家导读

在很久以前，我们东方人并不知道西方人的存在，而西方人也不知道有我们的存在。那么，我们是什么时候才发现对方的呢？又是怎么发现的呢？你想了解人类的第一次地理大发现吗？

大发现的时代已经来临。因为中世纪的狭隘已经被打破，人们渴望更大的发展空间，欧洲世界的局促之地已经不能满足他们的雄心。

人们从十字军的东征中，学会了自由旅行的艺术。不过在当时，很少有人敢冒险超出经威尼斯至雅法这条为人熟知的路线。在公元13世纪，威尼斯商人波罗兄弟曾经长途跋涉，穿越浩瀚的蒙古大沙漠，翻过高耸入云的群山，千辛万苦地到达当时统治中国的蒙古大汗的皇宫。波罗兄弟之一的儿子马可·波罗写出一本游记，详细描述了他们长达二十年的东方漫游与冒险经历，引起欧洲人的极大兴趣。当读到马可·波罗对奇特岛国"日本"的众多金塔的迷人描绘时，全世界都不禁呆呆地瞪大眼睛、屏住呼吸。于是，有许多人梦想去东方寻找这片铺满黄金的土地，一夜间发财致富。不过由于陆路旅程太遥远，且路途艰险，人们最终只得呆在家里做做白日梦而已。

当然，经海路到达东方的可能性一直是存在的。不过在中世纪，航海极不普遍，也少有人问津，这种状况是有充分的原因的。首先，当时的船只体积非常小。当年麦哲伦进行持续好几年的著名环球航行时，他所用的船只还不如现代的一只渡船大。其次，由于厨房设备简陋，且天气稍转恶劣便无法生火，水手们被迫吃烹调不当的粗糙食物。一旦出海，新鲜蔬菜便从菜单上彻底消失了。还有就是经常喝不洁的淡水，有时会导致全体船员死于伤寒症。事实上，在早期航海家的帆船上，死亡率高得可怕。1519年，麦哲伦从塞维利亚出发去做著名的环球航行时，跟随他的共有两百名船员，可活着回到欧洲的只有区区18人。

在这样恶劣的情形下，你很容易理解为什么航海不能吸引当时欧洲人中的优秀分子。像麦哲伦、哥伦布、达·伽马这样的伟大探险者，他们往往是率领着一帮几乎全部由刑满释放人员、未来的杀人犯、失业小偷和在逃犯组成的乌合之众，去进行自己的艰难航程。

这些航海者的勇气当然应受到我们的敬慕。他们的装备极差，船底常常漏水，索具沉重，不便操作。从13世纪中期开始，他们获得了某种类似罗盘的仪器，能在海上辨明方向。可他们的航海地图却极不精确。很多时候，他们只能凭运气和猜测选择路线。如果运气好，过上一两年，他们精疲力竭地返回欧洲。如果情况相反，他们的白骨就只能遗留在某个荒寂的海滩上，任由风吹日晒。不过，他们是真正的开拓者和冒险家，敢于与命运抗争。生活对于他们来说意味着辉煌的冒险历程。每当他们的眼睛看到一处新海岸线的模糊轮廓，或者他们的船只进入到一片从天地开辟起就人迹不至的新水域，为此所遭受的种种磨难便被统统忘在了脑后。

关于早期地理大发现这一话题，可说的东西实在太多、太迷人了。但是，要让我们真正了解过去的时代，那么历史应该像伦勃朗常创作的那些蚀刻画。它应该把一束强光打在某些重要事情上，也就是那些最伟大、最好的事情上。余下的地方都应该用几条线条勾勒。在本章中，我只能简短地开列最重要的发现。

▶ 63

人类的故事

葡萄牙人的发现

在14和15世纪，所有航海家脑子里只有一个念头，那就是快快找到一条舒适安全的航线，通往梦想中的中国、日本及那些盛产香料的神秘东方群岛。从十字军东征开始，欧洲人逐渐喜欢使用香料。香料变成了一种不可或缺的重要商品。

威尼斯人和热那亚人是地中海的伟大航行者，不过发现与探索大西洋海岸的荣誉后来却落到了葡萄牙人头上。在与摩尔人侵者的长年战斗中，西班牙人和葡萄牙人激发出强烈的爱国热情。这种激情一旦存在，便很容易被转移到新的领域。13世纪，葡萄牙国王阿尔方索三世征服了位于西班牙半岛西南角的阿尔加维王国，将之并入自己的领地。在接下来的一个世纪里，葡萄牙人在与穆罕默德信徒的战争中渐渐扭转局势，取得了主动。他们渡过直布罗陀海峡，攻占了阿拉伯城市泰里夫对面的体达城。接着，他们乘胜追击，占领了丹吉尔，并将它作为阿尔加维王国在非洲属地的首府。

已经做好准备，葡萄牙人即将开始他们的探险生涯。

公元1415年，一位亨利亲王——西班牙约翰一世的儿子，开始筹备在非洲西北部的系统探险。在亨利对非洲西北地区进行考察之前，这片炎热的荒凉海岸曾留下过腓尼基人和古代北欧人的足迹。在他们的记述中，这里是长毛"野人"出没之地。

现在我们已知道，这些所谓的"野人"其实就是非洲大猩猩。葡萄牙人的探险工作进展顺利，亨利王子和他的船长们先是发现了观那利群岛，接着，他们重新找到了马德拉岛。一个世纪以前，一艘热那亚商船曾在此短暂逗留。他

阅读理解
展现了航海家们对东方这片神秘之地的期盼，这也反映了马可·波罗的书对他们的影响之大。

们还勘察了亚速尔群岛，绘制出详细地图。而此前，葡萄牙人与西班牙人对此群岛只有模糊的了解。他们以为非洲西海岸的塞内加尔河河口就是尼罗河的西面入海口。最后在15世纪中期，他们到达了佛得角，也叫绿角，位于巴西至非洲海岸中途的佛得角群岛。

不过，亨利的探险活动并不限于海洋。他是基督骑士团的首领。基督骑士团是自1312年圣殿骑士团被教皇克莱门特五世取缔后，葡萄牙人自己继续保留的十字军骑士团。圣殿骑士团被取缔是应法教皇克莱门特五世的要求而采取的行动。菲利普趁机将自己的圣殿骑士全部烧死在火刑柱上，并夺取了他们的财产和领地。亨利王子利用他的骑士团所属领地的收入，装备了几支远征队去探索几内亚海岸的撒哈拉沙漠腹地。

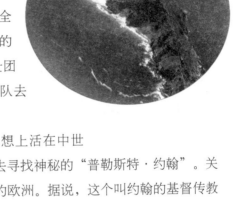

总的来说，亨利仍然是一个思想上活在中世纪的人。他耗费了大量时间与金钱去寻找神秘的"普勒斯特·约翰"。关于此人的故事，最早流传于12世纪的欧洲。据说，这个叫约翰的基督传教士建立了一个幅员辽阔的帝国，自己当了皇帝。这个神秘国度的具体位置不详，只知道是"坐落在东方的某处"。三百年来，人们一直在试图寻找"普勒斯特·约翰"及其后人。亨利也加入到找寻者的行列，可徒劳无获。在他死去30年后，这个谜底才被揭开。

公元1486年，探险家巴瑟洛缪·迪亚兹试图从海路去寻找"普勒斯特·约翰"的国度，到达了非洲的最南端。最初，他将此地命名为风暴角，因为这片海域的强风阻碍了他继续向东航行。不过他手下的里斯本海员倒比他乐观。他们知道该地的发现对于向东寻找通往印度的航线具有极其重要的意义，因此为之取名"好望角"。

一年之后，佩德洛·德·科维汉姆带着热那亚梅迪奇家族的委托书，从陆路出发去寻找"普勒斯特·约翰"的神秘国度。他渡过地中海，穿越

广袤的埃及国土，继续向南方深入。不久后，他抵达亚丁港，于此地换上海船，驶入波斯湾平静的海面。欧洲人上一次看见这片海水，还是距此1800年前的亚历山大大帝时代。科维汉姆造访了印度沿岸的果阿及卡利卡特，在当地听说了许多有关月亮岛（马达加斯加）的传闻。据说，该岛位于印度与非洲的中途。之后，科维汉姆离开印度返回波斯湾，秘密地参观了穆斯林的圣地——麦加与麦地那。随后，他再次渡过红海，终于在1490年找到了"普勒斯特·约翰"的国土。其实，它不过是黑人国王尼格斯统治的阿比尼西亚（埃塞俄比亚），其祖先在公元4世纪皈依了基督教，比基督传教士辗转到达斯堪的那维亚的时间还早700年。

这许许多多的航行使葡萄牙的地理学家和地图绘制者们相信，虽然从朝东的海路抵达印度支那是有可能的，但实行起来绝非易事。于是，引发了一场大争论。一些人赞成从好望角继续向东探索，寻找通向印度支那的航线；另一些人则认为必须向西越过大西洋，才能找到中国。

那个时代的最具智慧的人士一般都相信，地球并不像一张扁平的烙饼。相反，它应该是圆的。在公元2世纪，伟大的埃及地理学家克劳丢斯·托勒密提出关于宇宙构成的托勒密体系，宣称地球是方的。这一理论满足了中世纪人们的简单需求，因而受到广泛接受。不过到文艺复兴时期，科学家们抛弃了托勒密体系，转而接受波兰数学家哥白尼的学说。通过研究，尼古拉斯·哥白尼认为，有一系列圆形的行星围绕太阳转动，地球就是这些行星中的一颗。然而，因为害怕宗教法庭的迫害，这一伟大的发现被哥白尼本人小心翼翼保存了36年，直到他于1534年死去才公开发表。

宗教裁判所是13世纪建立的一个教皇法庭，当时，意大利和法国的威尔多派和阿尔比派，一度曾威胁着罗马主教的绝对权威。但航海家们普遍相信地球是圆的。现在，他们争论的是，朝西或是朝东，哪条才是最好的路线。

哥伦布发现美洲

在主张向西航行的人中，有一位名为克里斯托弗·哥伦布的热那亚水手。他是一个羊毛商的儿子，他本人曾在帕维亚大学读过一阵书，专攻数学和几何学。后来，他继承了父亲的羊毛生意。可没过多久，他又在东地中海的希俄斯岛上做商务旅行。从此地，他乘船去了英格兰，但此行到底是作为羊毛商去北方购买羊毛还是作为一艘商船的船长，我们不得而知。公元1477年2月，哥伦布自称造访了冰岛，但更可能的情形是，他仅仅抵达了法罗群岛。在每年2月的时候，此地也是一片冰天雪地，完全有可能被误认为冰岛。哥伦布在这里见到了那些强悍勇敢的北欧人的后裔们，他们10世纪就已在格陵兰岛定居。在11世纪，他们还第一次看到了美洲。

1478年，他将全部的精力投入到寻找通向印度支那的西面航线中。他向葡萄牙和西班牙皇室分别递交了自己拟订的航海计划。当时，葡萄牙人对他们垄断的向东航线正自信十足，哥伦布的计划根本引不起他们的兴趣。1469年，在西班牙，阿拉贡的斐迪南大公和卡斯蒂尔的伊莎贝拉成亲。这桩婚姻使阿拉贡和卡斯蒂尔合并为一个统一的西班牙王国。此时，两人正忙于攻打摩尔人在西班牙半岛的最后一个堡垒——格拉纳达，需要把所有的资金都用于战争，因此无力资助哥伦布的冒险计划。

很少有人像这位勇敢的意大利人，为实现自己的想法而拼命奋战，且几度陷入毫无希望的境地而不言放弃。1492年1月2日，困守格拉纳达的摩尔人终于投降。同年4月，哥伦布与西班牙国王及王后签定了合同。于是在8月3日，哥伦布率领三只小船挥别帕洛斯，开始了向西寻找印度支那和中国的伟大航行。随行的还有88名船员，其中有许多是在押罪犯，为寻求免刑而参加远征队。1492年10月12日，一个星期五的凌晨两点钟，哥伦布第一次发现了陆地。1493年1月4日，哥伦布告别留守

拉·纳维戴德要塞的44名船员（他们中没有一个人生还），开始返航。他于2月中旬到达了亚速尔群岛，那里的葡萄牙人威胁要将他投进监狱。1493年3月15日，哥伦布终于回到帕洛斯岛，随后马不停蹄地带着他的印第安人（哥伦布一直以为他发现的是印度群岛延伸出来的一些岛屿，因此他把带回来的土著居民称为红色印第安人）赶往巴塞罗那，去向他忠实的保护人禀报他的航行大获成功，通往金银之国中国和吉潘古（日本）的航线已经畅通，可供宽宏大量的国王与王后陛下随意调用。

不过，哥伦布一辈子都没悟出事实的真相。到他生命的晚年，当他在第四次航行中到达南美大陆时，他也许在瞬间怀疑过自己的发现并不是那么回事。不过，他至死还抱着一个坚定的信念，在欧洲和亚洲之间并无一个单独大陆的存在，他已经找到了直接通往中国的路线。

麦哲伦环球航行

葡萄牙人比西班牙人要幸运得多，他们坚持向东航行。1498年，达·伽马成功到达马拉巴海岸，并满载着一船香料安全返回里斯本，引起全欧洲的轰动。1502年，达·伽马旧地重游，对这一航线已经是驾轻就熟。相比之下，探索向西航线的工作则令人很失望。分别在1497和1498年，约翰·卡波特和塞巴斯蒂安·卡波特兄弟试图找到通向日本的路径，可他们只找到了纽芬兰岛白雪皑皑的大地和嶙峋突兀的海岸，其他一无所获。其实早在五个世纪之前，北欧人已经到达过这里。佛罗伦萨人阿美利哥·维斯普奇是西班牙的首席领航员，后来美洲大陆以他的名字命名。他登上了巴西海岸，那里根本没有印度群岛的踪影。

在公元1513年，即哥伦布去世7年后，欧洲的地理学家们才最终了解了新大陆的真相。瓦斯科·巴尔波沃越过巴拿马地峡，登上著名的达里安峰，他几乎难以置信，眼前竟还有一片无穷无尽的辽阔海面，看起来似乎是另一个大洋。

最终在1519年，葡萄牙航海家斐迪南德·麦哲伦率领由五只西班牙船只组成的船队，向西寻找香料群岛（因为向东的路线完全被葡萄牙人控制，他们不被允许向东航行）。麦哲伦穿过非洲与巴西之间的大西洋，继续往南航行，到达了一个狭窄的海峡。它位于巴塔戈尼亚的最南端与火岛之间。整整五个星期，麦哲伦的船队遭到狂风和暴风雪的吹袭，随时都可能发生灭顶之灾。恐慌在船队中蔓延开来，船员中发生了叛乱。麦哲伦以很严酷的手段镇压了叛乱，并把两名船员流放在荒芜的海岸上。

最后，风暴终于停息，海峡也逐渐变宽。麦哲伦驶入了一个新的大洋。这里风平浪静，阳光普照，麦哲伦称之为"太平安宁的海洋"，即太平洋。他继续向西航行，有98天没有看见一丝一毫陆地的影子，船员们几乎因饥饿和干渴而悉数死亡。他们吞噬船舱里大群的老鼠，老鼠吃光了，他们便咀嚼船帆充饥。

1521年3月，他们终于再次看见陆地。麦哲伦将此地命名为"盗匪之地"，因为当地的土著见什么偷什么。接着，他们继续西行，越来越接近他们梦寐以求的香料群岛。

他们又看见了陆地。这是一群孤独岛屿组成的群岛。麦哲伦以其主人查理五世的儿子菲利普二世的名字，为之取名"菲律宾"。不过菲利普二世在历史上并未留下什么光彩记录，西班牙"无敌舰队"的全军覆没正是此君的手笔。在菲律宾，麦哲伦一开始受到了友好热情的接待，可当他准备用大炮强迫当地居民信仰基督教时，他受到了猛烈反抗。土著居民杀死了麦哲伦和他的许多船员。幸存的海员烧毁了残余的三艘船中的一艘，继续向西航行。他们最终抵达摩鹿加，即著名的香料群岛。他们还发现了婆罗洲（今印尼加里曼丹岛），到达了蒂多尔岛。到这时，剩余的两艘船中的一艘由于漏水严重，只能连船员一起留在当地。唯一幸免的"维多利亚"号在船长塞巴斯蒂安·德尔·卡诺的率领下，开始穿越印度洋，很遗憾的是他们与澳大利亚北部海岸擦肩而过（直到17世纪初期，一艘荷兰东印度公司的船只发现了这片平坦荒芜的土地）。最后，历经千辛万苦，他们终于返回了西班牙。

世界文明中心西移

在所有航行中，麦哲伦的环球航行是最重要、最著名的一次。它耗时三年，以巨大的金钱和人力损失为代价，最终获得了成功。它充分地证明了一个事实，即地球确实是圆的，且哥伦布发现的新土地并不是印度的一部分，而是一个全新的大陆。从此，西班牙和葡萄牙一齐将全部的精力投入到开发他们与印度及美洲的贸易之上。为防止这对竞争对手最终以流血冲突的方式解决争端，教皇亚历山大六世被迫以格林威治以西的50度经线为界，将世界平分为两个部分，即所谓的1494年托尔德西亚分界约定。葡萄牙人拥有在这条经线以东地区建立殖民地的权力，而西班牙人获得了经线以西地区。这就是为什么在英国和荷兰殖民者于17、18世纪取得殖民优势之前，除巴西之外的整个南美大陆都是西班牙的殖民地，而全部的印度群岛及非洲大部分地区都是葡萄牙的殖民地。

当哥伦布发现中国和印度支那的消息传到中世纪的华尔街——威尼斯的利奥尔托时，那里发生了一场大恐慌。股票和债券的价格狂跌了40%至50%。过了一段时间，当事实表明哥伦布并未真正找到通往中国的海路时，威尼斯商人们才从惊恐中恢复过来。可紧接着的达·伽马与麦哲伦的航行证明，向东由海路航行到印度群岛的可能性是实际存在的。这时，中世纪和文艺复兴时期的两大著名商业中心——威尼斯与热那亚的统治者们才不由得为没听哥伦布的建议而懊悔不已。可是已经为时过晚，令他们发财致富、令他们骄傲无比的地中海现在成了一片内海，而通往印度和中国的陆路也由于海路的发现被降到了无足轻重的地位。意大利旧日的辉煌即将结束，大西洋开始成为新的贸易与文明中心。从那时一直到现在，大西洋地区一直保持着这种地位。

你可以看看，从文明最早产生开始，它是以多么奇特的方式在前进。5000年前，尼罗河谷的居民开始用文字记录他们的历史。从尼罗河流域，文明转移到幼发拉底河与底格里斯河之间的美索不达米亚。接着，是克里特文明、希腊文明和罗马文明的兴起。地中海这个内陆海变成了全世界的贸易中心，它沿岸的城市成为了艺术、科学、哲学及其他知识的家园。到16世纪，文明再次向西转移，使得大西洋沿岸的国家成为了世界的霸主。

曾有人断言，第一次世界大战和欧洲主要国家间的自杀性战争已经大大降低了大西洋的重要地位。他们期望文明将越过美洲大陆，在太平洋找到新的家园。对此我不以为然。

随着向西航线的发展，船只的体积也逐渐增大，航海家们的知识和视野都在不断开阔。尼罗河和幼发拉底河的平底船被腓尼基人、爱琴海人、希腊人、迦太基人及罗马人的老式帆船所取代。这些老式帆船随后又被葡萄牙人和西班牙人发明的横帆航船所取代。而当英国人和荷兰人驾驶着满帆航船航行在大洋上时，西班牙人和葡萄牙人的船只又被赶出了海洋。

但如今，文明的发展已经不再依赖于船只。飞机已在取代并且还将继续取代帆船和蒸汽船的地位。下一个文明中心将依赖于飞机与水力的发展。海洋将再次成为小鱼们宁静的家园，很久以前，它们与人类最早的祖先一起分享过这片深海家园。

名家点拨

　　马可·波罗的书使欧洲人对东方充满了向往。而地理大发现在人类史上有着无比重要的地位。作者在这里将几次重大的地理大发现一一做了记述。使我们对当时的社会及历史都有了一定的了解。

第13章 英国革命

名家导读 ✳ ❋

　　一提到英国，大家都不陌生。英国是世界上第一个工业化国家，是一个具有多元文化和开放思想的社会。首都伦敦是欧洲最大和最具国际特色的城市。你知道英国的历史是怎样的吗？它又经历了哪些重要的时期呢？

命运坎坷的岛屿

　　凯撒是最早探索欧洲西北部的人。在公元前55年，他率罗马军队渡过英吉利海峡，征服了英国。在随后的四百年里，英国一直是罗马的一个海外行省。当野蛮的日耳曼人开始威胁罗马，频频侵犯时，驻守英国的罗马士兵被奉命召回去保卫罗马本土。从此，大不列颠岛成了一个一无政府二无防御的海外孤岛。

　　当日耳曼北部饥寒交迫的撒克逊部落得知这一消息，他们便马上渡过北海，蜂拥到这个气候温和、土地肥沃的岛屿安家落户。他们建立起了一系列独立的撒克逊王国（因为最初的入侵者为盎格鲁人、英格利人、撒克逊人，由此得名），不过这些小国家相互间总是争吵不休，没有一位国王的实力足够强大，能将英格兰统一为一个联合王国。五百多年的漫长岁月里，由于缺乏足够的防御能力，默西亚、诺森伯里等地区都频频遭到不同派别的斯堪的那维亚海盗的袭击。最后到11世纪，英格

兰连同挪威及北日耳曼，一起为丹麦克努特大帝国所吞并。英格兰最后一丝独立的痕迹也消失了。

随着时间推移，丹麦人终于被赶出了大不列颠岛。英格兰刚刚获得自由不久，就第四次被外敌征服。新敌人是斯堪的那维亚人的另一系后裔，他们在10世纪初期入侵法国，建立起诺曼底公国。从很早开始，诺曼底大公威廉就以嫉妒的目光盯着这个一海之隔的富饶岛屿了。1066年10月，威廉率军横渡海峡，在黑斯廷战役中，他摧毁了最后一位盎格鲁撒克逊国王。然而无论威廉本人，还是安如王朝的继承人们，他们并未把这个岛国视为自己真正的家园。在他们心里，这片岛屿无非是他们在大陆继承的庞大遗产的附属部分———一块定居着一些落后民族的野蛮殖民地。因此，他们不得不将自己的语言和文明强加给这些岛国居民。然而事过境迁，"殖民地"英格兰的发展逐渐超越其"诺曼底祖国"，取得更为重要的地位。

同时，法国国王也正试图摆脱他们的诺曼底英格兰邻居。在法国人眼里，诺曼底的王公们只不过是法国国王不顺从的仆人。经过将近一个世纪的残酷战争，法国人民在圣女贞德的率领下，终于将这些"外国人"逐出了自己的国士。但在1430年，贞德本人不幸在贡比涅战役中被俘，又被抓住她的勃艮第人转卖给了英国士兵，最后作为女巫被烧死在火刑柱上。

阅读理解

"刚刚"、"四"这些词的运用，将英格兰命运的坎坷展现到了我们面前。

都铎王朝

在大陆上，英国人从来就没有站稳过脚跟，于是英国国王们最终不得不用自己的全部时间一心一意地经营他们的不列颠属地。另外，因为这个岛上很爱面子的封建贵族们长期纠缠于他们那些奇特的世仇恩怨，大部分家世古老的封建主纷纷在所谓的"玫瑰战争"中被杀。这使得国王们轻而易举地加固了皇室权力。到15世纪末期，英格兰已经成为了一个强有力的中央集权国家。统治者是都铎王朝的亨利七世。此人设立的著名的"星法院"令人想起来就害怕，它运用极其残忍的手段镇压了部分幸存的老贵族。

1509年，亨利七世的儿子亨利八世即位。他统治的时期在英国历史上具有特殊的重要性。从此，英国从一个中世纪的岛国发展壮大成一个现代的国家。

亨利八世对宗教没有多大兴趣。因为自己的多次离婚，他和教皇发生了许多不愉快。亨利八世很高兴地利用离婚的机会宣布脱离罗马教廷独立，使英格兰教会成为欧洲第一个名副其实的"国教"。而一直作为世俗统治者的国王本人也欣然担当了自己臣民的宗教领袖。这一和平的改革运动发生在1534年，它不仅使都铎王朝得到了长期以来饱受天主教徒攻击的路德派新教徒的支持，而且还通过充公前修道院财产而大大增强了王室的实力。同时，这一举动还得到了生意人和商人的青睐。

这些自豪而富裕的岛国居民，由一道浪急水深的宽阔海峡与欧洲大陆安全地隔开，不免拥有一种与之匹配的优越感。他们不但不喜欢一切"外国的"东西，而且也不愿意由一位意大利主教来统治他们诚实清白的英格兰灵魂。

1547年，亨利八世去世，把王位留给年仅10岁的小儿子。小国王的监护者们对路德的教义非常欣赏，因而尽其所能地赞助新教徒的事业。不过小国王未满16岁便不幸夭折，继任王位的是他的姐姐玛丽。玛丽是当时的西班牙国王菲利普二世的妻子，她一上台就将新"国教"的主教们统统烧死。除了忠实于自己的天主

阅读理解
从这里可以看出，英国从亨利八世统治开始便已经发生了实质性的改变，它已经发展为一个现代的国家。

人类的故事

教职责，她在其他方面也严格遵循着自己西班牙王室丈夫的榜样行事。这为她赢得了"血腥玛丽"的绰号。

伊丽莎白时代

幸运的是，玛丽在1558年就死去了，由著名的伊丽莎白女王继位。伊丽莎白是亨利八世和他第二个妻子安娜·博林所生的女儿，但安娜后来因失宠而被亨利斩首。在玛丽执政期间，伊丽莎白曾一度被投进监狱，后由神圣罗马帝国皇帝的亲自求情才侥幸获释。从此，伊丽莎白仇恨一切天主教与西班牙事物。像她父亲一样，伊丽莎白对宗教异常冷淡，不过她继承了父亲洞察贤明的惊人判断力。在伊丽莎白执政的45年间，不仅王室权力稳固上升，英格兰这个欢乐岛屿的财政和税收也源源增加，国力日趋强盛。在这方面，女王当然得到了拜倒在她王座下的大批杰出男性的有力辅佐。他们的策略使得伊丽莎白时代成为了英国历史上一个至关重要的时期。

另一方面，伊丽莎白的王位也并非就是万无一失的。她还存

在着一个非常危险的对手，即斯图亚特王朝的玛丽。玛丽的母亲是一位法国公爵夫人，父亲是苏格兰贵族。长大之后，她嫁给法国国弗法朗西斯二世，后来成为寡妇。玛丽是一个热情的天主教徒，乐意与一切敌视伊丽莎白女王的人结为朋友。由于缺乏政治智慧且采用极为暴力的手段镇压苏格兰境内的加尔文教徒，玛丽招致了

苏格兰人的暴动，自己不得不逃到英国境内避难。在她呆在英国的18年里，她未曾有一天停止过策划反对伊丽莎白的阴谋，却从不想伊丽莎白曾慷慨地收留过她。伊丽莎白最终不得不听从了她忠实顾问们的建议，将那个苏格兰女王斩首。

1587年，苏格兰女王的头终于被砍掉，因此引发了一场英国与西班牙之间的战争。英国与荷兰的海上联军协力击败了菲利普的"无敌舰队"。西班牙本想通过这次进攻击垮这两个反天主教领袖国的势力，却让对方从中获利。

在多年的犹豫之后，英国人和荷兰人终于意识到入侵印度和美洲的西属殖民地不仅是他们的正当权利，而且还可当作对西班牙人迫害他们的新教徒同胞的报复。1496年，英国船队在一位名为乔万尼·卡波特的威尼斯领航员的引导下，首次发现并探测了北美大陆。拉布拉多和纽芬兰岛作为殖民地的可能性虽然微乎其微，但纽芬兰附近的海域却给英国渔船提供了丰富的渔业资源。一年之后的1497年，卡波特又发现了佛罗里达海岸，为英国建立海外殖民地带来了无穷无尽的机会。

接下来便是亨利七世和亨利八世的忙碌年份。由于成堆的国内问题尚待解决，英国一时拿不出钱来进行海外探索。不过到了伊丽莎白统治下，国家太平昌盛，斯图亚特的玛丽也被投进监狱，水手们终于可以欣然出海远航，而用不着担心一夜之间家园变色了。

当伊丽莎白还是孩子时，英国人威洛比就已冒险航过了北角。威洛比手下的船长之一里查德·钱塞勒为找到一条可能通向印度群岛的航路，更是进一步向东深入，抵达了俄国港口阿尔汉格尔，与遥远的莫斯科帝国的神秘统治者建立起外交与商业的联系。在伊丽莎白开始执政的第一年，又有许多人顺这条航线航行。在"联合股份公司"工作的商业投机家们孜孜不倦地工作，为后几个世纪拥有庞大殖民地的贸易公司打下了最初的基础。一半是外交家、一半是海盗的家伙们，愿意将全部身家押在一次吉

阅读理解
再现了伊丽莎白是一位贤明的女王，具有治国的才能。

凶未卜的航行上，赌一把自己的运气；走私者将一切能够装上船的东西统统装载上船，以满足他们对金钱的贪婪胃口；商人们以同样满不在乎的心情贩运商品，也贩卖着人口，眼睛里除利润之外再容不下其他的沙子；伊丽莎白的水手们将英格兰的国旗，也将女王陛下的威名，散布到世界的各个角落。在国内，有伟大的莎士比亚在笔耕不辍，以接连不断的新剧目来愉悦女王的视听。英格兰最杰出的头脑和最高明的智慧都紧密结合在女王的不懈努力之中，将亨利八世的封建遗产变成了一个现代化的国家。

　　1603年，伊丽莎白死时已经70岁高龄，继而詹姆斯一世当上了英国国王。他是亨利七世的曾孙，伊丽莎白的侄子，也是其死对头苏格兰女王玛丽的儿子。大概是上帝帮忙，詹姆斯发现自己成为了唯一一个得以逃脱欧洲大陆战祸的国家的统治者。当欧洲的天主教徒和新教徒们正起劲地自相残杀，无望地试图摧毁宗教竞争对手的势力，并建立起自家教义的绝对统治时，英格兰却和和气气地展开了一场"宗教改革"，并未走上路德教

徒或洛约拉支持者的极端道路。此举使得这个岛国在即将到来的殖民地争夺战中，抢得了极大的先机。它还保证了英国在国际事务中获得领导地位，并一直延续到第一次世界大战结束。甚至连斯图亚特王朝的灾难性冒险，也不能阻止这种历史发展的必然趋势。

　　在英国，都铎王朝之后登基的斯图亚特王朝属于"外国人"。他们似乎既不知道也不想弄明白这一事实。都铎王室的成员可以堂而皇之地偷一匹马，但斯图亚特王朝的成员连看一眼马缰绳都会引起公愤。老女王随心所欲地统治着她的子民，还尽享爱戴。但总的说来，她一直在执行着一项使英国商人财源滚滚的政策。因此，感激涕零的人民也回过头对老女王报以全心全意的支持。有时，国会的一些小权力、小职能会被女王自由地拿走，而这些不法行为都被人民乐意地忽视

了。因为从女王陛下强大而成功的对外政策中，人们将最终收获最大的利益。

从外表看，詹姆斯国王与伊丽莎白女王执行的是相同的政策。可他身上极为缺乏伊丽莎白那种异常耀眼的热情。海外贸易还在持续升温。天主教徒也并未因新国王的上台而获得任何新自由。可当西班牙试图与英国重修旧好之时，詹姆斯欣然还以微笑。大部分英国人都反对他这样做，不过詹姆斯毕竟是他们的国王，所以他们只好顺从。

"君权神授"

很快，人民和国王之间又起了新的摩擦。詹姆斯国王和1625年继承他王位的查理一世一样，他们都坚信自己"神圣的君权"是上帝恩许的，他们可以凭自己的心愿治理国家而不必征询臣民们的意愿。这种观念并不新鲜。教皇们作为某种意义上的罗马帝国皇帝的继承者，他们总是乐于将自己视为"基督的代理人"，并且得到了人们的普遍承认。上帝有权以自己认为合适的方式统治世界，这一点没人质疑。作为自然而然的推论，也很少有人敢于怀疑"基督的副手"们的神圣权力。教皇有权要求人们顺服他，因为他是宇宙的绝对统治者在世间的直接代表，他只对上帝本人负责。

随着路德宗教改革的深入人心，以前赋予教皇们的特权，现在则被许多皈依新教的欧洲世俗统治者接管。身为"国教领袖"，他们坚持自己是所辖领土范围内的"基督的代理人"。国王们的权力从此延伸出巨大的一步，可人们依然未提出一丁点怀疑。他们仅仅是接受它，就像生活在当今这个时代的欧洲人，他们不假思索地认为议会制政府是天底下最合理、最正当的政府模式一样。如果就此得出结论——路德教派或加尔文教派对詹姆斯国王大张旗鼓宣扬他的"君权神授"观念表现出特别的义愤，这是不太准确的。诚实忠厚的英格兰岛民不相信国王神圣的君权，肯定还有着其他的原因。

1581年的荷兰海牙，人民明确地发出否定"君权神授"的声音。当时北尼德兰七省联盟的国民议会废黜了西班牙的菲利普二世。他们宣称，国

王破坏了他的协议，因此他也像其他不忠实的公仆一样，被人民解职了。从那时开始，关于一个国王对其人民应担负有特殊责任的观念，便在北海沿岸国家的人民中流传开来。人民现在处于非常有利的地位，因为他们有钱了。中欧地区的贫困人民长期处在其统治者的卫队监视之下，当然不敢讨论这个随时可能把他们关进最近的城堡监狱的问题。

可是荷兰和英国的富有商人们，他们掌握着维持强大的陆军与海军的必需资本，并且也懂得如何操纵"银行信用"这一大威力武器，根本没有这种担忧。他们用自己的钱财来控制"神圣君权"，来对付任何哈布斯堡王朝、波旁王朝或斯图亚特王朝的"神圣君权"。他们知道自己口袋里的金币和先令足以击败国王拥有的无能的封建军队。他们敢于行动，而其他人面对这种情况要么是默默忍受困难，要么就是冒上断头台的风险。

斯图亚特王朝开始激怒英格兰人民，宣称自己有权照心意行事而不必承担责任，岛国的中产阶级们于是以国会为第一道防线，抗击王室的滥用权力。国王非但拒绝让步，还解散了国会。在长达11年的时间里，查理一世独自统治着国家。他强行征收一些大部分英国人认为是不合法的税收，他随心所欲地管理着不列颠，把国家当成他私人的乡村庄园。他有许多得力的助手，并且我们不得不说，他在坚持自己的信念上也表现出很大的勇气。

很不幸的是，查理一世不仅未能尽力争取到自己忠实的苏格兰臣民的支持，反而卷入与苏格兰长老会教派的争吵当中。虽不情愿，但为取得他急需的资金来应付战争，查理不得不再度召集国会。1640年4月，会议召开，议员们愤愤不平，争相做抨击性的发言，最后终于乱成一团。几周后，这个脾气暴躁的国会被查理解散。同年11月，一个新国会组成了。可这个国会甚至比前一个更不听话。议员们现在已经明白，最终必须解决的是"神圣君权的政府"还是"国会的政府"这个久悬未决的问题。他们抓住机会攻击国王的主要顾问官，并处死了其中的六人。他们强硬地宣布了一项法令，不经他们的同意，国王无权解散国会。最后，在1641年12月，国会向国王递交了一份"大抗议书"，详细罗列了人民在统治者统治下所受的种种痛苦与磨难。

1642年1月，查理一世悄悄离开了伦敦，希望到乡村地区为自己寻求支持者。双方各组织了一支军队，准备为各自的立场——君主的绝对权力和国会的绝对权力，决一死战。在这场斗争中，英格兰势力最强的宗教派别，即所谓的清教徒们，他们迅速站到了战斗的第一线。著名的奥利佛·克伦威尔指挥官指挥着这支由清教徒组成的兵团。他们凭着铁的军纪及对神圣目标的深信，很快成为了反对派阵营的榜样。查理一世的军队两次遭到沉重打击。1645年，纳斯比战役失败之后，国王狼狈逃到苏格兰，不久，苏格兰人将他出卖给了英国。

紧接着，苏格兰长老会与英国清教徒之间的矛盾激化，双方展开了一段错综复杂的战争。1648年8月，在普雷斯顿盆地激战三昼夜之后，克伦威尔胜利结束了第二场内战，并攻占了苏格兰首都爱丁堡。与此同时，克伦威尔的士兵们早就厌倦了国会的空谈与宗教论争，决定按自己的最初心愿行事。他们冲进国会，驱逐了所有不赞成清教徒教义的议员。由余下的老议员们组成的"尾闾"议会正式指控国王犯下的叛国罪。上议院拒绝坐上审判员席位。于是任命了一个特别审判团，判处国王死刑。1649年1月30日，查理一世平静地走上了断头台，全欧洲都在瞩目这一时刻。那一

天，一个君主国家的人民通过自己选出的代表，处死了一位不能正确理解自己在一个现代国家应处于何种地位的国王。这是历史上的头一次，但绝不是最后一次。

国王查理被处死后，接下来是克伦威尔时代。一开始，克伦威尔只是英格兰非正式的独裁者。1653年，他被正式推为护国主。在其统治的五年时间里，他继续推行伊丽莎白女王广受欢迎的政策。西班牙再度被视为英格兰的主要敌人，向西班牙人开战变成了一个全国性的神圣议题。

英格兰把商人和商业的利益放在最高位置，并认真履行最严格的新教条。克伦威尔在维持英格兰的国际地位上取得了很大的成功。可在社会改革方面，他却失败了。毕竟，世界是由许多人共同组成的，他们的所思所想、所作所为很少会相同。从长远来看，这似乎是一个明智的局面。一个仅仅为整个社会中的少部分成员谋利益、由少部分成员统治的政府是不可能长久生存的。在竭力纠正王权的滥用时，清教徒是一支有用的力量。但作为英格兰的绝对统治者，他们就让人无法忍受了。

复辟时代

1658年，克伦威尔去世，他严厉的统治已经使得斯图亚特王朝的复辟成为一件轻而易举的事情。事实上，流亡王室受到了人们"救世主"般的欢迎。英国人现在发现，清教徒们的虔诚枷锁和查理一世的暴政同样令人窒息。只要斯图亚特王室的接班人愿意忘记他可怜的父亲所一再坚持的"神圣君权"，承认国会在统治国家方面的优先地位，英国人将非常乐意地再度成为效忠国王的好公民。

为成功地达成这样的安排，已经耗费了整整两代人的艰辛尝试。不过斯图亚特王室显然没有从老国王的悲剧中汲取教训，依然难以改掉他们热爱权力的毛病。1660年，查理二世回国继位。他虽然性格温和，却是个碌碌无为的家伙。他天性的懒惰，畏难好易，随随便便的气质，加上能够对所有人撒谎，这使他暂时避免了与自己的臣民爆发公开冲突。1662年，他颁布了"统一法案"，他将全体不信奉国教的神职人员清除出各自的教区，从而沉重打击了清教徒的势力。1664年，查理二世又通过了所谓的"秘密宗教集会法令"，以流放西印度群岛作为惩罚，试图阻止不信国教者参加秘密宗教集会。这看起来已经有点像在"君权神授"的旧日子的所作所为了。人民开始流露出旧日熟悉的不耐烦迹象，国会也不再情愿为国王提供资金。

由于无法从一个心怀不满的国会得到利益，查理二世便秘密从他的近邻兼表兄，法国的路易国王那里借款。他以每年20万英镑的代价出卖了他的新教盟友，还暗自得意地嘲笑着国会。

经济上的独立使查理国王重获自信。查理颁布了一项"赦罪宣言"，取消了那些压制天主教徒与不信国教者的旧法律。大街上的人们都用狐疑的目光紧张地注视着事态的发展。他们开始畏惧这是教皇策划的又一个可怕阴谋。一股骚动的潜流在英国悄悄蔓延。不过大部分人还是希望能制止另一场内战的爆发。对他们来说，他们宁愿被王室压迫，即便这意味着神圣君权重新回来。可他们也不愿面对新一轮同种族的自相残杀。然而另一群人没这么宽厚，他们属于经常遭受恐惧的不信国教者，可他们在对待自己的信仰上却深具勇气。领导这群人的是几个才智杰出的贵族，他们不愿意回到绝对王权的旧日子。

这两大阵营对垒近10年。其中之一被称为"辉格"党,代表反抗国王的中产阶级的利益。虽然辉格党与托利党互不相让,但双方皆不愿制造一场危机。他们耐心地让查理二世终老天年,安静地死于床上,并且也容忍了信奉天主教的詹姆斯二世于1685年继任他的哥哥当上了英国国王。不过当詹姆斯先是设立一支"常备军"(这支军队将由法国人指挥),将国家置于外国干涉的严重危险之下;随后于1688年颁布第二个"赦罪宣言",强令在所有国教教堂宣读,他的绝对权力未免越出了一个合理的界限。这条界限是只有那些最受爱戴的统治者在非常特殊的情形下才被允许偶尔超越的,而詹姆斯既不受欢迎,也非情势紧迫。人们开始公开地流露不满。有七位主教拒绝宣读国王的命令,后来被控以"煽动性诽谤罪",受到法庭审判。可当陪审团大声宣布被控者"无罪"时,引来公众铺天盖地的掌声与喝彩。

正巧在这个不幸的时刻,詹姆斯有了一个儿子,是他的第二个妻子——信仰天主教摩德纳伊斯特家族的玛丽亚所生。这意味着,日后继承詹姆斯王位的将不是这个孩子的新教徒姐姐玛丽或安娜,而是一个天主教孩子。人们的疑心再度滋长。摩德纳伊斯特家族的玛丽亚年岁已大,看上去好像不能生育!流言纷纷扬扬,越传越离谱。此时,来自辉格和托利两党的七位著名人士联合给詹姆斯的长女——玛丽的丈夫,也就是荷兰共和国的首脑威廉三世写了一封信,请他来英格兰,驱逐虽然合法但完全不受欢迎的詹姆斯二世,以此来拯救这个国家。

君主立宪制的形成

1688年11月15日,威廉三世在图尔比登陆。他不想让自己的岳父成为另一个殉难者,于是帮助詹姆斯二世逃到了法国。1689年1月22日,威廉召开国会会议。同年2月23日,威廉宣布与自己的妻子玛丽一起成为英国国王,终于挽救了这个国家的新教事业。

此时的国会早已不再仅仅是国王的咨询机构,它正好利用这个机会获得更大的权力。它先是从档案室的角落里翻出1628年的旧版《权利请愿

书》，接着又通过了第二个更严格的《权利法案》，要求英格兰
君主必须是信奉国教的人。不仅如此，该法案还进一步宣称，国
王没有权力搁置或取消法律，也没有权力允许某些特权阶层不遵
守某项法律。它还强调没有国会的同意，国王不得擅自征税，也
不得擅自组织军队。这样，1689年，英格兰已经获得了其他欧洲
国家闻所未闻的自由。

　　不过，并非仅仅因为这些自由开明的政策，威廉的统治时
期才被英国人铭记。在他生前，首度采用了一种"责任"内阁
的政府体制。我们知道，没有哪位国王能独自治理国家，即便
能力极其出众的君主也需要一些信得过的顾问。都铎王朝就
有着自己著名的"大顾问团"，全部由贵族和神职人员组成。
不过这个团体慢慢变得过分庞大臃肿了，后来便以一个小型的
"枢密院"取而代之。随着时间流逝，由于这些枢密官时常到
宫殿的一间内室去参见国王，商讨国家大事，这种做法渐渐成
为一种习惯。因此，他们被称作"内阁成员"。又过了不久，
"内阁"这一名词就被广泛使用了。

　　和大部分英国君主一样，威廉也从各个党派中挑选自己的
顾问。但随着国会的势力日渐强大，威廉发现当辉格党占据国会
的多数时，想在托利党人的帮助下推行自己的政策几乎是不可能
的。于是，托利党人被清除出局，由清一色的辉格党人组成整
个内阁。过了些年，等到辉格党人在国会失势，国王出于行事
方便的考虑，又被迫向托利党的领袖们寻求支持。一直到他1702
年死去为止，威廉由于一直忙于和法王路易交战，无暇治理国内
朝政。事实上，所有重要的国内事务都交给了内阁去处理。1702
年，威廉的妻子玛丽的妹妹安娜继位，这种情形依然继续。1714
年安娜去世，英格兰的王冠落到了詹姆斯一世的外孙女苏菲的儿
子——汉诺威家族的乔治一世头上。

　　作为一位粗俗的君主，乔治从未学过半句英语。英国这套复杂

阅读理解
《权利法案》的
颁布，是英格兰
历史上的一次重
大改革，将英格
兰带入了新的时
代。这一政策的
颁布也展现了威
廉的开明。

人
类
的
故
事

的政治制度如同深奥的迷宫，让他茫然无措。他把所有的事情一股脑地甩给自己的内阁，远远地躲开阁员们的会议。由于一句话都听不懂，出席这些会议对他来说也是一种折磨。这样，内阁养成了不打搅国王陛下而自行治理英格兰与苏格兰的习惯（1707年，苏格兰的国会与英国国会合并）。

在乔治一世和乔治二世统治期间，一些杰出的辉格党人组成了国王的内阁，其中罗伯特·沃波尔爵士主政长达21年。辉格党的领袖们因此被公认为是责任内阁的首脑，而且辉格党成为把握国会权力的多数党。乔治三世继位后，试图重新控制权力，将政府实际事务从内阁手中夺回，但他的努力带来的灾难性后果使他的继任者们再不敢做类似的尝试。这样从18世纪初期开始，英国便拥有了一个代议制政府，由责任内阁成员负责处理国家事务。

事实上，这个政府并不代表所有社会阶层的利益。在当时，英国拥有选举权的人数不到人口总数的十二分之一。不过，它为现代的议会制政府打下了基础。它有序而平和地把权力从国王那里夺取过来，把权利放在越来越多的民众代表手里。虽然此举并没有给英国带来黄金时代，但它让英国避开了18至19世纪那场席卷欧洲的革命风暴，那些革命曾给欧洲大陆的其他国家带来灾难。

名家点拨

英国作为欧洲的一个大国，有着悠久的历史。它每一次的变革都推动了历史的发展。

第14章 俄国的兴起

名家导读 ✳ ✿

俄罗斯是世界上面积最大的国家，地域跨越欧亚两个大洲。这样的一个大国是什么时候建立的呢？它有着悠久的历史吗？它又经历了哪些历史的变动而发展成今天这样的呢？

早期的俄罗斯

1492年，哥伦布发现了美洲。那一年的早些时候，一位名为舒纳普斯的提洛尔人拿着几张写满了对他自己的高度赞誉之辞的介绍函，为提洛尔地区大主教率领一支科学远征队，前往蛮荒的东方考察。他本想去到传说中神秘的莫斯科城，但并没有成功。当他千辛万苦到达人们觉得是坐落在欧洲最东边的莫斯科帝国的边界时，他被拒之门外。这个神秘帝国在当时规定不许外国人入内。舒纳普斯只得掉头前往土耳其异教徒控制下的君士坦丁堡，以便回去后能给主教大人一个交代。

61年后，英国的理查德·钱塞勒船长试图找寻通往印度的东北航道，船被疾风刮进北海，阴差阳错地到了德维内河的入海口。他在霍尔莫戈里发现了一个村落，离1584年建立阿尔汉格尔城的地点很近。这一回，外国来访者们被邀请到了莫斯科，他们见到了统治莫斯科帝国的大公陛下。当钱塞勒重返英格兰的时候，随身带回了俄罗斯与西方世界第一次签定的通商条约。很快，其他国家纷纷效法，有关这片神奇土地的真相也开始为世人了解。从地理上说，俄国是一片辽阔无际的大平原。横贯其间的乌拉尔山脉低矮平缓，无法构成对入侵者的防御屏障。流淌在这片平原上的大河宽阔而清浅，是游牧民族理想的放牧之地。

当罗马帝国经历着几度兴亡盛衰、云烟过眼之时，早就离开中亚故土的斯拉夫部落正在德涅斯特河与第聂伯河之间的森林与草场漫无目的地往来游荡，寻找水草丰美的放牧之所。希腊人偶尔遇见过这些斯拉夫人，公元3到4世纪的旅行者也曾提到过他们。要不然，他们的行踪也将和1800年前的内华达印第安人一样，根本不为外界所知。

不幸的是，一条便利的商路纵贯了这个国家，扰乱了这群原始居民和平宁静的游牧生活。该商路是连接北欧与君士坦丁堡的主要道路。它沿波罗的海至涅瓦河口；穿过拉多加湖，顺沃尔霍夫河南下；之后横渡伊尔门湖，溯拉瓦特小河而上；再通过一段短暂的陆路行程至第聂伯河；最后沿第聂伯河直下黑海。

阅读理解
从这里可以看出，商路的存在，促使俄罗斯兴起并与西方联系起来。

斯堪的纳维亚人最早发现了这条路线。在公元9世纪的时候，他们开始在俄罗斯北部定居，为以后的俄罗斯的独立打下了根基，就像其他北欧人为独立的法国和德国打下了最早的根基一样。在公元862年，来自北欧的三兄弟渡过波罗的海，在俄罗斯平原上建立了三个小国家。三人里面，一个叫鲁里克的活得最长。他吞并了两位兄弟的国土，在北欧人第一次到达该地20年后，建立起第一个以基辅为首都的斯拉夫王国。

由于从基辅到黑海只需很短的路程，不久后，一个斯拉夫国家出现的消息便在君士坦丁堡流传开来。这让那些热切饥渴的基督传教士们又有了一片传播耶稣福音的新土地。他们放手大干起来。拜占庭的僧侣纷纷沿第聂伯河溯流而上，很快深入到了俄罗斯腹地。他们发现，这儿的人民居然还崇拜着一些居住在森林、河流及山洞里面的奇怪的神。于是，僧侣们便给他们讲解耶稣的故事，劝他们皈依。这里确实是传教的好地方，因为罗马教会的

人正忙于教化野蛮的条顿人信仰基督，无暇理会遥远的斯拉夫部落，无人竞争的拜占庭传教士们于是毫不费力地收编了他们。这样，俄罗斯人很自然地接受了拜占庭的信仰，接受了拜占庭的文字，并从拜占庭汲取了关于艺术和建筑的最初知识。由于拜占庭帝国（东罗马帝国的遗迹）已经变得非常东方化，失去了它原有的欧洲特点，俄罗斯也受到了它的影响，也变得东方化。

蒙古入侵

从政治上讲，这些在辽阔的俄罗斯平原兴起的国家命运多舛，遭遇了很多的困难和折磨。按北欧习俗，父亲留下的遗产是由所有儿子平分，父亲死后，一个本来就面积不大的国家被分为很多份，而儿子们又按照惯例将自己的财产分给下一代子孙。在此情形下，这些相互竞争的小国总是陷于彼此的争吵中。于是，混乱成了当时唯一的秩序。当火光映红东方的地平线，告诉人们一支亚洲蛮族入侵的消息时，局面已变得无可挽回。这些小国实力太弱，又过于分散，面对强大的敌人，根本无法组织起像样的防御或反攻。

1224年，鞑靼人的第一次大规模入侵发生了。伟大的成吉思汗在征服中国、布拉哈、塔什干及土耳其斯坦后，终于首度率领蒙古骑兵造访了西方。斯拉夫军队在卡拉卡河附近被彻底击溃，俄国的命运握在了蒙古人的手中。不过正如其从天而降一样，他们突然间又消失了。13年后，蒙古人重返俄罗斯。在不到5年的时间里，他们征服了俄罗斯平原上的每一个角落，成为了这片土地的主宰。直到1380年，莫斯科大公德米特里·顿斯科

夫在库利科夫平原击败蒙古骑兵，俄罗斯人才再度获得了独立。

　　算起来，俄罗斯人用了整整两百年的漫长时间，才将自己从蒙古人的枷锁中解放出来。这是一个多么沉重而不堪忍受的枷锁，它将斯拉夫农民变成了可悲的奴隶。要想活命，俄罗斯人只能乖乖匍匐在蒙古人的脚下。这把枷锁使俄罗斯人民的荣誉感与尊严感荡然无存。它使得饥饿、痛苦、虐待和肉体的责罚成为俄罗斯人的家常便饭。

　　逃跑是不可能的。鞑靼可汗的骑兵迅疾而无情。无尽延伸的大草原不会给任何人逃到邻近安全地区躲藏的机会。俄罗斯人还没跑出多远，就能听到身后越来越近的蒙古追兵的马蹄声。所以只能默默承受黄种主人决定加诸给他们的任何折磨，否则只有死路一条。当然，欧洲本应该出面帮助可怜的斯拉夫人。不过当时的欧洲正忙于自身的家务事，教皇和皇帝吵着开战，镇压异端分子，哪里有时间拯救正陷于水深火热中的斯拉夫人。他们将斯拉夫人留给了命运，迫使他们自己寻求拯救之道。

　　早年北欧人建立的诸多小国之一成为了俄罗斯最终的"救星"。它坐落在大平原的心脏地带，其首都莫斯科建筑在莫斯科河畔一座陡峭的山岩上面。这个小公国靠着时而在必要时讨好鞑靼人，时而在安全限度内对其稍加反抗，于14世纪中期确立起自己民族领袖的地位。鞑靼人完全缺乏建设性的政治才能，仅仅是从事毁坏的"天才"。他们不断征服新土地，主要目的是为了源源不断地得到岁贡。因为必须采用征税的方式，鞑靼人不得不允许旧政治组织的某些残余继续发挥作用。这样，俄罗斯的许多小

城蒙大汗之恩存续下来，以便作为征税人，为充实鞑靼可汗的国库而掠夺邻近地区。

沙皇统治时期

莫斯科公国为了使自己发展壮大，以牺牲邻居们的利益为代价。最后，它终于积累了足够的实力，可以公开反叛蒙古人。他们成功了，莫斯科公国作为俄罗斯独立事业的领袖，其声望在仍盼望光明未来的斯拉夫部落中越来越高。他们将莫斯科视为本民族的圣城和中心。公元1453年，君士坦丁堡被土耳其人攻陷。10年之后，在伊凡三世的治理之下，莫斯科向西方发出了一个明确的信号，即斯拉夫民族对拜占庭帝国及君士坦丁堡的罗马帝国传统享有世俗与精神上的双重继承权。一代人之后，在伊凡雷帝统治时期，莫斯科公国的大公已经强大到超过了凯撒的名号，自称沙皇，并要求西方各国的承认。

1598年，随着费奥特尔一世去世，北欧人鲁里克的后裔们所执掌的老莫斯科王朝宣告终结。在接下来的7年里，一半鞑靼血统、一半斯拉夫血统的鲍里斯·哥特诺夫成了新沙皇。他执政的时代决定了俄罗斯人民的未来命运。

俄罗斯虽地域辽阔、土地富饶，但整个国家却异常贫穷。这里既无贸易也无工厂。它为数不多的城市若按欧洲标准衡量，实际不过是一些小村镇。这几乎是一个由强有力的中央集权及大量文盲农民所构成的国家。其政府受到斯拉夫、斯堪的纳维亚、拜占庭及鞑靼影响，是一个奇怪的政治混合体。除国家利益，它对其余的一切都漠不关心。

为保卫这个国家，政府需要一支军队。为征集税收来供养军队，为士兵发饷，它又需要国家公务员。为向大大小小的公务员支付薪水，它又需要土地。不过在东部和西部的辽阔荒原上，土

阅读理解
作者在这里将俄罗斯贫穷落后的国家形象展现到我们面前。

地是最不愁供应的廉价商品。可若无适
当的人力来经营土地、饲养牲畜，土
地便毫无价值。因此，旧日的游牧
部落被接连剥夺掉一项又一项的权
利，最终在17世纪初叶，正式沦为
了土地的附庸。俄罗斯农民从此不
再是自由民，而是被迫变成了农奴。
一直到1861年，他们的命运已悲惨得无以复
加，以致纷纷死去时，这个国家的统治者才开始重新考虑他们的命运。

　　在17世纪，这个新兴国家处在不断扩张之中，向东迅速延伸到西伯利
亚。随着实力日长，俄罗斯终于成为其他欧洲国家不得不加以正视的一支
力量。1613年，鲍里斯·哥特诺夫去世，随之俄罗斯贵族从他们自己人当
中推选出了新沙皇，此人是费奥特尔的儿子，即罗曼诺夫家族的米歇尔。

　　1672年，米歇尔的曾孙，另一位费奥特尔的儿子彼得出世。当这个孩
子长到10岁时，他同父异母的姐姐索菲亚继承王位。于是，小彼得被送到
帝国首都郊区的外国人聚居地去生活，他耳闻目睹身边苏格兰酒吧主、荷
兰商人、瑞士药剂师、意大利理发匠、法国舞蹈教师和德国小学教员的生
活，这位年轻的王子模糊地感觉到，在遥远而神秘的欧洲，有着一个与俄
罗斯截然不同的世界。

　　当彼得17岁时，他突然懂事，将姐姐索菲亚赶
下了王位，自己当了俄罗斯的新统治者。仅仅
做一个半野蛮、半东方化民族的沙皇，并不
能使彼得觉得满足。他决心要成为一个文明
国家的伟大君主。不过，要想把一个拜占庭
与鞑靼混合的俄罗斯变成一个强大的欧洲帝
国，这绝非易事，它需要强有力的手腕和睿
智清醒的头脑，这两点彼得正好都具备了。彼
得于1698年开始实施"大手术"，把现代欧洲嫁

接到古老的俄罗斯身上。俄罗斯这个"病人"没有死掉，但却一直没有从这次惊吓中缓过来，本书写作之前5年发生的俄国十月革命可以清楚地说明这一点。

 名家点拨

俄罗斯虽然有着辽阔的土地，可是它的人民却并未过上富足的生活。他们先后经历了蒙古的入侵，后来又经历了沙皇的统治。直到17世纪它才慢慢地壮大起来，成为其他欧洲国家不得不加以正视的一支力量。

第15章

美国革命

名家导读 ✳ ❀

美国是当今世界的第一大强国。那么这个科技高度发达的国家是什么时候建立，又是怎么兴起的呢？它又经历了哪些历史的变动呢？你知道美国独立战争吗？

英国、荷兰进驻北美

让我们回到几个世纪以前，重新了解一下欧洲各国争夺殖民地战争的早期历史。

在"30年战争"期间及后面的几年，在王朝或民族利益的基础上，有许多欧洲国家重新建立了起来。而那些由本国商人和商船贸易公司的资本所支持起来的统治者们，必须为本国商人的利益继续发动战争，在亚洲、非洲、美洲攫取更多的殖民地。

前面已经讲过，西班牙人和葡萄牙人最早探索了印度洋和太平洋地区。过了100多年的时间，英国人和荷兰人才如梦初醒，奋起投入到利润的争夺中。事实证明，这对后来者反而是一个优势。最初的开创工作不仅艰苦危险，而且耗资甚费，这些都由西班牙人和葡萄牙人完成了。而且，早期的航海探险家们由于常常使用暴力手段，使得他们在亚洲、美洲、非洲的土著居民那里变得臭名昭著，这就导致迟到一步的英国人和荷兰人成为了那些土著居民的朋友甚至救世主。但我并不是说，这两个国家就比

先到者高尚多少。不过他们是商人，他们从不让传教的因素干扰他们正常的生意。总的说来，所有欧洲人在第一次与弱小民族打交道时，往往都表现得异常野蛮。英国人和荷兰人的高明之处在于，他们知道在什么时候适可而止。只要能得到源源不断的香气四溢的胡椒、光灿耀眼的金银和适当的税收，他们倒是不介意土著居民随心所欲地生活。

阅读理解

展现了英国人和荷兰人的狡猾：他们清楚自己的利益，是为利益而来，而那些野蛮的行为只会对己不利。

因此，他们没费多大力气便在世界上资源最富饶的地区站稳了脚跟。但这一目的刚刚达到，双方便开始为争夺更多的领地而大打出手了。有一点非常奇怪，争夺殖民地的战争从来不会在殖民地本土上交锋，而总是发生在四五千公里外的海上，由对阵双方的海军来解决问题。古代和现代战争中一个很有趣的规律就是，谁控制了海洋最终也能控制陆地。到目前为止，这条法则依然有效。因此英国海军最终为不列颠帝国赢得了幅员辽阔的美洲、印度及非洲殖民地。

英法北美之争

17世纪发生在英国与荷兰之间的系列战争，现在已经引不起我们多大的兴趣。它像所有实力太过悬殊的战争一样，平淡无奇地以强者最终获胜而收场。不过英国与法国的战争对我们理解这段历史倒具重要意义。在天下无敌的英国皇家海军最终击败法国舰队之前，双方在北美大陆展开了多次大大小小的前哨战。英国人和法国人同时宣称，在这片辽阔富饶的土地上，已经发现的一切东西及有待被白种人发现的更多东西，全部归自己所有。

阅读理解

英国和法国对待新领土问题的态度决定了英法之战的爆发。

1497年，卡波特在美洲北部登陆；27年之后，乔万尼·韦拉扎诺到了同一片海岸。卡波特悬挂英国国旗，韦拉扎诺扛着法国国旗。因此，英国和法国都宣布自己是整个北美大陆的主人。

17世纪，10个小规模的英国殖民地在缅因州与卡罗林纳之间建立起来。当时的殖民者通常是一些不信奉英国国教的特殊教派的难民们，就像1620年来到新英格兰的新教徒和1681年定居于宾西法尼亚的贵格会教徒。他们建立起一些小型拓荒者社区，地点通常位于紧靠海岸的地带。受迫害的人们在此聚集，建立起自己的新家园，在远离王权监督与干涉的自由空气中，过上了比以往幸福得多的生活。

可另一方面，法国的殖民地却一直是受国王严密控制的皇家属地。法国严格禁止胡格诺教徒或新教徒进入这些殖民地，以防他们向印第安人传播危险有害的新教教义或妨碍耶稣会传教士的神圣工作。因此，相对于邻居兼对手的法国殖民地来说，英格兰殖民地无疑奠基于更健康、更扎实的基础之上。英国殖民地是岛国中产阶级商业能量的恰当体现，而法国的北美据点里住着的却是一批千里迢迢来服皇家"苦役"的人。他们日夜思念着巴黎舒适的夜生活，总是争取任何可能的机会快快返回法国。

不过从政治上说，英国殖民地的状况是远远不能令人满意的。在16世纪，法国人已经发现了圣劳伦斯河口。从大湖地区，他们又一路向南跋涉，终于到达了密西西比地区，沿墨西哥湾建立起数个要塞。经过100多年的探索，一条由60个法国要塞构成的防线将大西洋沿岸的英国殖民地和幅员辽阔的北美腹地拦腰隔断。

英国颁发给许多殖民公司的授予它们"从东岸到西岸全部土地"的土地许可证，快要成为一纸空文。文件上写得很完美，但在现实中，大不列颠的领地只能延伸到法兰西要塞前，便成为空谈。要突破这条防线当然是有可能的，可这需要花费大量的人力和金钱，并引发一系列可怕的边境战争。

只要斯图亚特王朝继续统治着英格兰，英法之间就没有发生战争的危险。为建立自己的君主专制统治，斯图亚特王朝需要波旁王朝的鼎力相助。直到1689年，最后一位斯图亚特王室成员从不列颠的土地上消失，英国国王换成了路易十四最顽强的敌人——荷兰执政威廉。从此开始，一直到1763年签定巴黎条约，英法两国为争夺印度与北美殖民地的所有权展开了长期激战。

17、18世纪，在海战中，英国相继战胜了荷兰和法国的海军。法国同殖民地的联系被切断，丧失了大部分殖民地。当宣布停战时，整个北美大陆已落入英国人的手里。卡迪埃、尚普兰等20多个法国探险家的伟大探险工作，在法国手中化为乌有。

美国独立

在英国人夺取的这一大片北美土地上，只是一小部分有人居住。北部的马萨诸塞生活着1620年到达此地的清教徒们，再往南，是卡罗林纳和弗吉尼亚。不过在这片天高云淡、空气清新的新土地上生活着的拓荒者们，他们与其国内同胞的性情截然不同。在孤独无助的旷野荒原中，他们学会了自力更生。他们是一批刻苦耐劳、精力充沛的先驱者的骄傲子孙，血液里流动着坚韧旺盛的生存本能。以前在自己的祖国，种种的限制、压抑和迫害使得殖民者们呼吸不到自由空气，现在，他们决意要做自己的主人，按自己喜欢的方式行事。而英国的统治阶级无法理解这一点。官方对殖民者大为不满，而殖民者们仍时时感到官方的限制，不免滋生出对英国政府的怨恨来。

怨恨引发了更多的矛盾。事实是，当北美殖民者意识到和平谈判不能解决问题，他们便拿起了武器。因为不愿意做顺民，他们便选择做叛乱分子，这是需要很大勇气的。因为一旦被英国国王的德国雇佣兵俘获，他们将面临死刑的惩罚。英格兰与其北美殖民地之间的战争一共持续了7年。在大部分时间里，反叛者似乎完全看不到胜利的希望。有一大批殖民者，特别是城市居民，他们依然效忠于国王。正因为有华盛顿和他的伟大人格，殖民者们的独立事业才得以坚持下去。

在一小部分勇敢者的强力配合下，华盛顿指挥着他装备非常差但顽强无比的军队，不断地打击国王的势力。他的军队一次次濒临彻底失败的边缘，可他的谋略总能在最后关头扭转战局。他的士兵总是处在饥饿中，得不到足够的给养，不过他们对自己领袖的信任毫不动摇，一直坚持到最后胜利的来临。

不过，除了华盛顿指挥的一系列精彩战役之外，还有发生在革命初期的更为有趣的事情。当时，来自不同殖民地的代表们齐集费城，共商革命大计。那是独立战争发生的第一年，整船整船的战争物资正从不列颠群岛源源抵达，北美沿海地带的大部分重要城镇都还控制在英国人手中。

1776年6月，弗吉尼亚的理查德·亨利·李向大陆会议提议："这些联合起来的殖民地是有权自由而独立的州。它们理应解除对英国王室的全部效忠，因而它们与大不列颠帝国间的一切政治联系也不复存在。"

这项提案由马萨诸塞的约翰·亚当斯附议，于7月2日正式实施。1776年7月4日，大陆会议正式发表了《独立宣言》。该宣言出自托马斯·杰斐逊的手笔。他为人严谨，精通政治学，擅长政府管理，是美国名垂青史的著名总统之一。

《独立宣言》发表的消息传到欧洲后，接踵而至的是殖民地人民的最终胜利及1787年通过的著名宪法的消息。这一连串的事件引起欧洲人极大的震动与关注。而欧洲上等阶层——贵族与职业人员，也开始怀疑现存社会的经济和政治制度。北美殖民者的胜利正好向他们表明了，一些在几天前看起来还是不可能的事情，其实是完全可能做到的。

根据一位诗人的说法，揭开莱克星顿战役的枪声"震惊了全球"，虽然这种说法有些夸张。不过，这枪声确实越过了大西洋，落在了欧洲不满现状的火药桶里，在法国引起了惊天动地的大爆炸，震动了从彼得堡到

马德里的整个欧洲大陆，把旧的国家制度与外交政策埋葬在民主的砖块之下。但在中国、日本和俄罗斯根本就没有听到这声枪响（更别提澳大利亚人和夏威夷人，他们刚刚为库克船长重新发现）。

 名家点拨

　　美国是当今世界的第一大强国。那么，美利坚到底是一个什么样的民族呢？作者在这里给我们做了讲述。这使我们了解到，一个国家要想强盛，首先就要有独立自主的精神。

拿破仑与法国大革命

第16章

名家导读

拿破仑被称为是叱咤风云的西方之皇，公认的战争之神，是欧洲历史上最伟大的四大军事统帅之一。他是怎样走上他的政治之路的呢？在他统治期间，法国的社会又是怎样的呢？他又是凭借什么获得了如此多的头衔呢？

拿破仑出生在1769年，是家里的第三个儿子。他的父亲是卡洛·玛利亚·拿破仑，老卡洛是科西嘉岛阿亚克市的一位公证员，名声一直很好。他的母亲名叫莱提夏·拉莫里诺。事实上，拿破仑并非法国公民，而是一个地道的意大利人。他所出生的科西嘉岛曾先后是古希腊、迦太基及古罗马帝国在地中海的殖民地。多年来，科西嘉人为争取独立而顽强奋战。首先，他们努力想摆脱热那亚人的统治，不过18世纪中期以后，他们斗争的对象变成了法国。法国曾在科西嘉人反抗热那亚的战斗中慨然施以援手，后来为了自己的利益又将该岛据为己有。

在20岁以前，年轻的拿破仑是一位坚定的科西嘉爱国者，一心期盼着将自己热爱的祖国从法国——令人痛恨的枷锁中解放出来。不过法国大革命出人意料地满足了科西嘉人的种种诉求，因此拿破仑在布里纳军事学院接受完良好的军官训练后，逐渐将自己的精力转移到为收养他的法国服务之上。尽管他法语说得很笨拙，既未学会正确的拼写，也始终去不掉口音里浓浓的意大利腔，但他最终成为了一名法国人。直到有一天，他终于变

成了一切法兰西优秀德行的最高表率。一直到今天，他仍然被视为法国天才的象征。

拿破仑的全部政治与军事生涯加起来还不到20年。可就是在这段短短的时间里，他指挥的战争、赢得的胜利、征战的路程、征服的土地、牺牲的人命、推行的革命，不仅将欧洲大地搅得天翻地覆，也大大地超越了历史上的任何人，连伟大的亚历山大大帝和成吉思汗也不能与他相提并论。

由于早年健康状况不佳，拿破仑身材矮小。他相貌平平，乍见之下难以给人留下深刻的印象。即使在他最辉煌的时代，每当不得不出席某些盛大的社交场合，他的仪态举止仍显得非常笨拙。他没有高贵的门第、显赫的出身或家庭留下的大笔财富。他白手起家，完全凭着自己的努力向上爬。

他没有文学方面的天分。读书时，有一次参加里昂学院举办的有奖作文竞赛，他的文章在16名候选人中排名第15位。不过凭着对自己的命运和辉煌前程的不可动摇的信念，他克服了这一切

出身、外貌及天资上的困难。野心是他生命中的主要动力。他对自我的坚强信念，他对自己签署在信件上以及在他匆匆建起的宫殿里的大小装饰物上反复出现的那个大写字母"N"的崇拜，他要使"拿破仑"成为世界上仅次于上帝的重要名字的绝对意志，这些强烈的欲望加在一起，将他带到了历史上从未有人达到过的荣誉的峰顶。

当年轻的拿破仑还是一个

陆军中尉时，他就非常喜欢古希腊历史学家普卢塔克所写的《名人传》。不过，他从未打算追赶这些古代英雄们所树立的崇高的德行标准。他似乎完全缺乏使人类有别于兽类的那些深思熟虑、为他人着想的细腻情感。很难精确断言他一生中是不是还爱过除自己之外的任何人。但他对母亲倒是彬彬有礼。不过他母亲本身就具有高贵女性的风度与作派，并且像所有意大利母亲一样，她很懂得如何管治自己的一大群孩子，从而赢得他们应有的尊重。有几年时间，拿破仑还爱过他美丽的克里奥尔妻子约瑟芬。约瑟芬的父亲是马提尼克的一名法国官员，以前的丈夫是德·博阿尔纳斯子爵。博阿尔纳斯在指挥一次对普鲁士军队的战役失败后，被罗伯斯庇尔处死，约瑟芬成了寡妇，后来嫁给了拿破仑。不过因约瑟芬不能给当上皇帝的拿破仑陛下留下子嗣，拿破仑便和她离婚了，另娶了奥地利皇帝的年轻貌美的女儿。在拿破仑眼里，这次婚姻是一桩不错的政治交易。

在一场著名战役中，当时身为一个炮兵连指挥官的拿破仑一举成名。战斗之暇，拿破仑还悉心研究了马基雅维利的著作。他显然听从了这位佛伦萨政治家的建议。在此后的政治生涯中，只要对他有利的事情他都会毫不犹豫地去实行，哪怕会违背承诺。在他的个人字典里，从来找不到"感恩图报"这个字眼。不过很公平的，他也从不指望别人对他感恩。他完全漠视人类的痛苦。在1798年的埃及战役中，他本来答应留战俘们一条性命，但旋即将他们全部处死。他下令将那些为祖国独立而战的被俘德国军官就地枪决，毫不怜悯他们反抗的高尚动机。

简而言之，当我们真正研究拿破仑的性格时，我们就能理解到为什么那些英国母亲让孩子们入睡时会说："如果你们再不听话，专拿小孩当早餐的拿破仑就要来捉你们了！"无论对这位奇特的暴君说上多少令人不快的坏话，仿佛都不为过。比如他可以极度仔细地监管军队的所有部门，却唯独忽略了医疗服务；比

如因为不能忍受士兵们发出的汗臭，他一个劲往身上喷洒科隆香水，以至于将自己的制服都毁了，等等。

拿破仑是一位最伟大的演员，而整个欧洲大陆都是他施展才华的舞台。无论在任何时候、任何情形下，他总能精确地做出最能打动观众的姿态，他总能说出最能触动听众的言辞。无论是在埃及的荒漠，站在狮身人面像和金字塔前，还是在露水润湿的意大利草原上对着士兵们演讲，他的姿态、他的言语都一样富有感染力。无论在怎样的困境中，他都是控制者，牢牢把握着局势。甚至到了自己生命的尽头，他已经沦为大西洋无尽波涛中一个岩石荒岛上的流放者，一个任凭庸俗可憎的英国总督摆布的垂死病人，拿破仑依然把持着舞台的中心。

拿破仑在滑铁卢惨败之后，除了为数很少几个可靠的朋友，再没人见过这位伟大的皇帝。欧洲人都知道他被流放到圣赫拿岛上，他们知道有一支英国警卫部队夜以继日地严密看守着他。他们还知道另有一支英国舰队在严密监视着在朗伍德农场看守皇帝的那支警卫部队。不过，无论朋友还是敌人，他们都无法忘记他的形象。当疾病与绝望最终夺去他的生命，他平静的双眼仍然注视着整个世界。即便到了今天，他在法国人的生活中，依然像一百年前那样是一股强大的力量。

即便只对拿破仑的生涯勾勒一个简单的提纲，就需要好几本书的容量。要想讲清楚他对法国所做的巨大政治变革，他颁布的后来为大多数欧洲国家采纳的新法典，以及他数不胜

数的积极作为，写几千页都不够。不过，我能用几句话来解释清楚，为什么他的前半生如此成功而最后十年却一败涂地。从1789到1804年，拿破仑是法国革命的伟大领导者。他之所以能够一一将奥地利、意大利、英国、俄国打得溃不成军，原因在于那时他和他的士兵们都是"自由、平等、博爱"这些民主新信仰的热切传道者，是王室贵族的敌人，是人民大众的朋友。

可是在1804年，拿破仑自封为法兰西的世袭皇帝，派人请教皇庇护七世来为他加冕，正如法兰克人的查理曼大帝在公元800年请利奥三世为他加冕，做了日耳曼皇帝。这一情景有着无尽的诱惑，反复出现在拿破仑眼前，使他渴望着重温旧梦。

一旦坐上了王位，原来的革命首领摇身一变，成为了哈布斯堡君主的失败翻版。他非但不再是被压迫人民的保护者，反而变成了一切压迫者、一切暴君的首领。他的行刑队时刻都磨刀霍霍，准备枪杀那些胆敢违抗皇帝的神圣意志的人们。当神圣罗马帝国忧伤的遗迹于1806年被扫进历史的垃圾堆，当古罗马荣耀的最后残余被一个意大利农民的孙子彻底摧毁，没有人为它流下同情之泪。可当拿破仑的军队入侵西班牙，逼迫西班牙人民承认一个他们鄙视厌恶的国王，并大肆屠杀仍然忠于旧主的马德里市民时，公众舆论便开始反对过去那个马伦戈、奥斯特利茨及其他上百场战役的伟大英雄了。这时，只有到了这时，当拿破仑从革命的英雄变成旧制度所有邪恶品行的化身时，英国才得以播种迅速扩散的仇恨的种子，使所有诚实正直的人民变成法兰西新皇帝的敌人。

当英国的报纸开始报道法国大革命阴森恐怖的某些细节时，英国人便对之深感厌恶。在一个世纪前的查理一世统治时期，他们也曾发动过自己的"光荣革命"。可相对于法国革命翻天覆地的动荡，英国的革命不过是一次郊游般简单轻松的事件。在普通的英国老百姓眼里，雅各宾党人就像是杀人不眨眼的魔头，而拿破仑更是

群魔之首，人人得而诛之。从1798年开始，英国舰队便牢牢封锁了法国港口，破坏了拿破仑经埃及入侵印度的计划，使他在经历尼罗河沿岸一系列辉煌胜利之后，不得不面对一次屈辱的大撤退。最后到1805年，英国人终于等来了战胜拿破仑的机会。

在西班牙西南海岸靠近特拉法尔角的地方，内尔森将军彻底摧毁了拿破仑的舰队，使法国海军一蹶不振。拿破仑从此被困在了陆地。即便如此，如果他能把握时局，接受欧洲列强提出的不失颜面的和平条件，他仍然可以舒服地坐稳自己的欧洲霸主的位子。可惜拿破仑被自身的荣耀冲昏了头脑，他不能容忍任何对手，不允许任何人与他平起平坐。于是，他把仇恨转向了俄罗斯，那片有着源源不竭的炮灰的神秘广大的国土。

只要俄罗斯还处在半疯癫的保罗一世的统治之下，拿破仑就很懂得该怎么对付俄国。可是保罗的脾气变得越来越难以捉摸，以至被激怒的臣属们被迫谋杀了他，免得所有人都被流放到西伯利亚的铅矿。

继任保罗的是他的儿子亚历山大沙皇。亚历山大并未分享父亲对这位法国篡位者的好感，而是将他视为人类的公敌与永远的和平破坏者。他是一位虔诚的人，相信自己是上帝挑选的解放者，负有将世界从邪恶的科西嘉诅咒中解脱出来的责任。他毅然加入了普鲁士、英格兰、奥地利组成的反拿破仑同盟，却惨遭败绩。他尝试了五次，五次都以失败告终。1812年，他再度辱骂了拿破仑，气得这位法国皇帝两眼发黑，发誓要打到莫斯科去签订城下之盟。于是，从西班牙、德国、荷兰、意大利等广大的欧洲地域，一支支不情愿的部队被迫向遥远的北方开拔，去为伟大皇帝受伤的尊严进行以牙还牙的报复。

经过两个月漫长而艰苦的进军，拿破仑终于抵达了俄罗斯的首都，并在神圣的克里姆林宫建立起他的司令部。可他攻占的只是一座空城。1812年9月15日深夜，莫斯科突然发出冲天的火光。大火一直燃烧了四个昼夜，到第5日傍晚，拿破仑不得不下达了撤退的命令。两星期之后，大雪纷纷扬扬地下起来，厚厚的积雪覆盖了森林和原野。法军在雪片和泥泞中艰难跋涉，直到11月26日才抵达别列齐纳河。这时，俄军开始了猛烈的反击。哥萨克骑兵团团包围了溃不成军的"皇帝的军队"，痛加砍杀，法军损失惨重。

"是时候了，"欧洲人说道，"把我们从无法忍受的法兰西枷锁下解放出来的日子已经到了！"即将发生反叛的谣言如火如荼地传播开来。他们纷纷将一支支在法国间谍无所不在的监视下精心隐藏好的滑膛枪拿出来，做好了战斗的准备。不过未等他们搞清楚到底发生了什么事情，拿破仑带着一支生力军返回了。原来皇帝陛下离开了溃败的军队，乘坐自己的轻便雪橇，秘密奔回了巴黎。他发出最后的征召军队的命令，以便保卫神圣的法兰西领土免遭外国的入侵。

一大批十六七岁的孩子跟随着他去东边迎击反法联军。1813年10月16日，恐怖的莱比锡战役打响了。整整3天，身穿绿色军服和蓝色军服的两大帮人殊死拼杀，直到鲜血染红了埃尔斯特河水。10月17日下午，源源不断涌来的俄国后备部队突破了法军的防线，拿破仑丢下部队逃跑了。

他返回巴黎，宣布他的小儿子继承他的皇位。但反法联军坚持由已故的路易十六的弟弟路易十八继承法国的王位。在哥萨克骑兵和普鲁士骑兵的前呼后拥之下，两眼无神的波旁王子胜利地进入了巴黎。

　　至于拿破仑，他成了地中海厄尔巴小岛上的君主。

　　不过当拿破仑离开法国，法国人就开始缅怀过去，意识到他们失去了多么宝贵的东西。在过去20年，尽管付出了高昂的代价，可那毕竟是一个充满了光荣与梦想的年代。那时的巴黎是世界之都，是辉煌的中心，而失去了拿破仑，法国和巴黎便成了二流的平庸之地。波旁国王在流放期间不学无术、毫无长进，很快就使巴黎人对他的懒惰与庸俗望而生厌了。

　　1815年3月1日，反法同盟的代表们正准备着手清理被大革命搞乱的欧洲版图时，拿破仑却突然在戛纳登陆了。在不到一星期的时间里，法国军队抛弃了波旁王室，纷纷前往南方去向拿破仑表示效忠。拿破仑直奔巴黎，于3月21日抵达。这一次，他变得谨慎多了，发出求和的呼吁，可盟军坚持要用战争来回答他。整个欧洲都起来反对拿破仑。皇帝迅速挥师北上，力争在敌人们集结起来之前将他们各个击破。不过如今的拿破仑已经不复当年之勇。另外，他也失去了许多对他忠心耿耿的老将军，他们都先他而去了。

　　6月初，他的军队进入比利时。同月16日，他击败了布吕歇尔率领的普鲁士军队。不过一名下属的将军并未遵照命令，将退却中的普鲁士部队彻底歼灭。

　　两天后，拿破仑在滑铁卢遭遇了惠灵顿统率的军队。到下午两点钟，法军看起来似乎即将赢得战役的胜利。3点钟的时候，一股烟尘出现在东方的地平线上。拿破仑以为那是自己的骑兵部队，此时他们应该击败了英国军队，前来接应他。到4点的时候，他才搞清楚真正的情形。原来是老布吕歇尔驱赶着精疲力竭的部队投入战斗。此举打乱了拿破仑卫队的阵脚，他已经再没有剩下的预备部队了。他吩咐部下尽可能保住性命，自己又一次逃跑了。

　　他第二次让位于他的儿子。到他逃离厄尔巴岛刚好一百天的时候，他再次离岸而去。他打算去美国。在1803年，仅仅为了一首歌，他将法国殖民地圣路易斯安那卖给了年轻的美利坚合众国。所以他觉得美国人会感激他，而给他一片栖息地。可强大的英国舰队监视着所有的法国港口。夹在盟国的陆军和英国的海军之间，拿破仑进退维谷，别无选择。普鲁士人打算枪毙他。看起来，英国人可能会稍微大度一点。拿破仑在罗什福特焦急等待着，期望局势能有所好转。最终，在滑铁卢战役一个月后，拿破仑收到了法国新政府的命令，限他24小时内离开法国的土地。

6月15日，拿破仑登上英国战舰"贝勒罗丰"号，将自己的佩剑交给霍瑟姆海军上将。在普利茅斯港，他被转送到"诺森伯兰"号上，开往他最后的流放地——圣赫拿岛。在这里，他度过了生命中的最后7个年头。他试着撰写自己的回忆录，他和看守人员争吵，他不断地陷入对往昔的回忆之中。他想象自己又回到了原来出发的地方，他忆起自己为革命艰难作战的岁月。他试图说服自己相信，他一直都是"自由、平等、博爱"这些伟大原则的真正朋友。他只是喜欢讲述自己作为总司令和首席执政的生涯，很少提及帝国。当临终之际，他正带领着他的军队走向胜利。他发出一生中的最后一道命令，让米歇尔·内率领卫队出击。然后，他永远停止了呼吸。

如果你真想知道为什么一个人只凭意志力，就能统治这么多人如此长的时间，那么你也不要去读那些关于他的书。这些书的作者要么对他满怀

厌憎，要么是热爱他到无以复加的地步。你也许能从这些书籍中了解到许多事实。可比起僵硬的历史事实，有时候，你更需要去"感觉历史"。在你有机会听到那首名为《两个投弹手》的歌曲之前，千万别去读那些形形色色的书籍。这首歌的歌词是由生活在拿破仑时代的伟大德国诗人海涅创作的，曲作者是著名的音乐家舒曼。当拿破仑去维也纳朝见他的奥地利岳父时，舒曼曾站在很近的地方，亲眼目睹过这位德国的敌人。这下你清楚了，这首歌是出自两位有充分理由憎恨这位暴君的艺术家之手。

去听听它吧，然后你就会明白一千本书也无法让你明白的道理。

 名家点拨

拿破仑是当时欧洲不可一世的霸主，也是欧洲历史上最伟大的四大军事统帅之一（这四位统帅是：亚历山大大帝、凯撒大帝、汉尼拔、拿破仑）。那么，他为什么会取得如此伟大的成就呢？通过作者的介绍，我们可以了解到一个人的意志力对他的成功是多么重要。

第17章

工业革命

名家导读 ✳ ❀

我们知道，人类之所以能够从古时的茹毛饮血时代发展到今天的高度文明，是与人类的发明创造分不开的。那么，我们人类到底经历了哪些工业革命？每一次工业革命又是在什么时候和怎样的情况下产生的呢？

旧时代

人类最大的恩主，是在五十多万年以前死去的。他是一种长毛动物，眉毛很低，眼睛凹陷，下巴宽大，牙齿像老虎的牙齿一样坚硬。如果哪一天他出现在现代科学家的聚会上，我敢保证，科学家们都会争先恐后地围上去，尊称他为主人。因为他曾用石块砸开坚果，也曾用长棍撬起巨石。他发明了锤子和杠杆，这是人类最早的工具。他对人类所作的贡献远远超过此后的任何人，也没有任何一种动物能够超过他。

从那时开始，人类就通过使用更多的工具来便利自己的生活。在公元前十万年，世界上第一只轮子（用一棵老树凿成的圆盘）发明出来的时候，它所引起的轰动肯定不亚于飞机的问世。

有这样一个故事在华盛顿流传，一位19世纪30年代初的专利局长，他建议取消专利局，因为"一切能发明出来的东西都已被发明出来了"。当史前时期的第一面风帆升起在木筏上，人们不再需要划桨、撑篙或拉纤便能从一个地方去到另一个地方的时候，那时的人们也一定产生过与这位专

利局长类似的想法。

的确，那时候的人们总是想尽办法让别人或别的东西替他工作，自己则悠享着闲暇的乐趣：坐在草地上晒太阳，去大岩石上画画，或者耐心地将小狼、小虎训练成温顺乖巧的宠物。

当然在最早的年代，奴役一个弱小的同类，逼迫他去做那些苦累活，这是很容易办到的事情。古希腊人、古罗马人和我们一样，拥有聪明的头脑，可他们却未能造出机械，原因之一就是由于奴隶制的普遍存在。当能够去最近便的市场，以最低价格买到所需的全部奴隶时，你怎能指望一个伟大的数学家会把时间耗费在线绳、滑轮、齿轮等乱糟糟的物件上？

而在中世纪，奴隶制虽然废除了，但随之而来的又是农奴制，行会不会赞成使用机器，它认为此举会导致大批行会兄弟丢掉饭碗。另外，中世纪的人们对大批量生产商品没什么兴趣。裁缝、屠夫和木匠只为满足他们所在小社区的直接生活需要而工作。他们不想生产多于自己直接需求的产品，也不想与同行竞争。

蒸汽时代

文艺复兴时期，许多人开始投身于数学、天文学、物理学及化学的研究，此时的教会再也无法像以前那样，把对科学探索的偏见强加给人们。在"30年战争"爆发的前两年，苏格兰人约翰·那皮尔出版了一本小书，论述了"对数"这一新发现。在战争期间，莱比锡的戈特弗里德·莱布尼茨完善了微积分体系。伟大的英国自然科学家牛顿在结束"30年战争"的威斯特伐利亚条约签订的前八年降生，而意大利天文学家伽利略则于同一年去世。"30年战争"把中欧地区化为一片废墟，当地突然掀起了一股"炼金术"热潮。炼金术是一门伪科学，它源于中世纪，人们妄想通过它将普通的金属变成黄金，但这是完全不可能的。可当炼金术士们躲在自己阴暗的实验室里操劳时，他们产生出一些新想法。这为他们的继任者化学家们的日后工作，提供了很大的帮助。

所有这些人的工作合在一起，为世界打下了一个坚实的科学基础，使复杂机器的发明成为可能。许多精于实干的人们充分利用这一机会。在中世纪，人们已经开始用木头制作为数不多的几种必要的机器。可木头容易磨损，铁是一种好得多的材料，可在整个欧洲，只有英格兰出产铁矿。于是，英格兰兴起了冶炼业。熔化铁需要高温猛火。最初，人们用木材做燃料。可随着英格兰的森林被砍伐殆尽，人们开始使用"石炭"，也就是煤。

　　可当时亟待解决的两大难题是：一是煤必须从很深的地面下挖出来，运送到冶炼炉；二是矿坑必须保持干燥，防止渗水。最初，人们可以用马拉煤，可解决抽水的问题不得不使用特别的机器。发明家们为这个难题奔波忙碌起来。他们都知道可以借助蒸汽做新机器的动力。有关"蒸汽机"的构想由来已久。生活在公元前1世纪的亚历山大，他曾向我们描述过几种蒸汽推动的机器。文艺复兴时期的人们设想过"蒸汽战车"。与牛顿同时代的渥斯特侯爵在他的一本发明手册里为人们详细讲述过一种蒸汽机。

在1698年，伦敦的托马斯·萨弗里发明了一种抽水机。与此同时，荷兰人克里斯琴·海更斯正在设法完善一种发动机，其内部用火药引发连续不断的爆炸，和我们今天用汽油内燃机来驱动汽车引擎类似。

　　欧洲各地，人们纷纷致力于"蒸汽机"这一构想。法国人丹尼斯·帕平曾是海更斯的密友兼助手，他先后在几个国家进行过蒸汽机实验。他发明出蒸汽推动的小货车和小蹼轮。可正当他充满信心地准备驾着自己的小蒸汽船试航时，船员工会却向政府提出了控告，他们担心这种新发明的出

现会抢走他们的生计。帕平的蒸汽船被政府没收了。他为了从事发明几乎倾尽全部家产，最后却穷困潦倒地死在伦敦。当帕平去世时，另一位名为托马斯·纽克曼的人正在潜心研究一种气泵。50年之后，一位格拉斯哥机器制造者詹姆斯·瓦特改进了纽克曼的发明。1777年，他向全世界推出了第一台真正具有实用价值的蒸汽机。

在人们争相实验"热力机"那几个世纪里，世界政治局势发生了很大的变化。英国人取代荷兰人，成为海上贸易的新霸主和主要的承运商。他们开拓了许多新殖民地，将当地出产的原材料运回英格兰加工，然后将制成品出口到全世界的各个角落。

在17世纪，北美佐治亚和卡罗莱纳的人们开始种植一种出产奇特毛状物质的新灌木，即所谓的"棉毛"（棉花）。当这种棉毛采摘下来，便被运往英国，由兰卡郡的人们织成布匹。起初，这些布匹由工人们在家手工织成。不久后，纺织工艺有了大的改进。1730年，约翰·凯发明出"飞梭"。1770年，詹姆斯·哈格里夫斯发明了"纺纱机"。一位名为伊利·惠特尼的美国人发明了轧花机，它能够自动将棉花脱粒，大大提高了加工效率。而以前采用手工脱粒的时候，一个工人一天才能分拣一磅棉花。最后，理查德·阿克赖特和埃德蒙·卡特赖特发明了水力推动的大型纺织机。

到18世纪80年代，在法兰西召开了三级会议，代表们忙于讨论那些将彻底变革欧洲政治秩序的重大议题时，人们将瓦特发明的蒸汽机装在了阿克赖特的纺织机上，用蒸汽机的动力来带动纺织机工作。这一看似不起眼的创举引起经济与社会生活的重大变革，在世界范围内深刻改变了人与人之间的关系。

当固定式蒸汽机取得成功后，发明家们马上将注意力转向利用机械装置推动车、船的问题上。瓦特本人曾推出过"蒸汽机车"的研制计划，不过没等他完善这一设想，1804年，一辆由理查德·特里维西克制造的火车便载着20吨货物在威尔士矿区的佩尼达兰奔驰起来。

与此同时，一位名为罗伯特·福尔顿的美国珠宝商兼肖像画家正在巴黎四处活动。他试图说服拿破仑采用他的"鹦鹉螺号"潜水艇以及他发明的汽船，这样法兰西海军便能一举摧毁英格兰的海上霸权。

福尔顿的"汽船"设想并不新鲜，它借鉴了康涅狄格州机械天才约翰·菲奇的创意。早在1787年，菲奇建造的小巧汽船便在德拉维尔河上进行了首次航行。可拿破仑和他的科学顾问们根本不相信这种自动力汽船的可能性。虽然装配着苏格兰引擎的小船正喷着烟雾航行在塞纳河上，可皇帝陛下竟未加留意，以至忽略了利用这一威力无比的武器。

失望之余，福尔顿回到美国。他是一名精于实际的商人，很快便和罗伯特·利文斯顿合伙组织起一家颇为成功的汽船公司。利文斯顿是《独立宣言》的签字人之一，当福尔顿在巴黎推销其发明时，他正担任当时的美国驻法大使。合伙公司的第一条汽船"克勒蒙特"号装配着英国的博尔顿与瓦特制造的引擎。1807年，正式开通了纽约与奥尔巴尼的定期航班。不久后，它便垄断了纽约州所有水域的航运业务。

至于可怜的约翰·菲奇，他本来是最早将"蒸汽船"用于商业运营的，最后却悲惨死去。当他建造的第五条螺旋桨汽船不幸被毁时，菲奇已经落到一贫如洗的境地。人们无情地嘲笑他，就像100年后人们嘲笑兰利教授制造的滑稽飞行器。菲奇一直希望为自己的国家开辟一条通往中西部大河的捷径，可他的同胞们却更情愿乘平底渡船或徒步旅行。1798年，菲奇于极端绝望之中服毒自杀。

30年过去了，载重1850吨的"萨瓦拉"号汽船以每小时6节的速度从

萨瓦纳驶达利物浦，创造了25天横渡大西洋的新纪录。此时此刻，公众的嘲笑声终于平息。在对新事物的巨大热情中，他们又将发明的荣誉安放在错误的人头上。

6年后，一位名叫乔治·斯蒂文森的英国人制造出著名的"移动式引擎"。多年以来，他一直致力于研制一种将原煤从矿区运往冶炼炉和棉花加工厂的机车。他的发明不仅使当时的煤价下跌70%，还使得曼彻斯特与利物浦之间第一条客运线路的开通成为现实。终于，人们能够以闻所未闻的每小时24公里的高速，呼啸着从一个城市奔向另一个城市。几十年过后，火车速度提高到每小时32公里。

当然，现在任何一辆性能尚可的福特车，都比这些早期"冒烟的家伙"跑得快。

电力时代的来临

当工程师们正专心琢磨着他们的"热力机"时，另一群科学家们（就是那些每天花14个小时研究"理论性"科学现象的人们，因为他们，机器发明才取得了巨大的进步）正沿着一条新线索的指引，走进了大自然最隐秘的幽暗领域。

2000年前，许多希腊与罗马哲学家已经察觉到一个奇特的现象：用羊毛摩擦过的琥珀能吸附小片的稻草和羽毛碎屑。中世纪的经院学究们对此神秘的"电"力现象没什么兴趣，研究因此中断。可文艺复兴后不久，英国女王伊丽莎白的私人医生威廉·吉尔伯特便写出他那篇著名的论文，探讨磁的特性及表现。

在"30年战争"期间，玛格德堡市长及气泵的发明者奥托·冯·格里克造出了世界上第一台电动机。在随后的一个世纪里，大批科学家投入对电的研究。1795年，至少有三名教授发明了著名的"莱顿瓶"。与此同时，世界闻名的美国天才本杰明·富兰克林继本杰明·托马斯之后，将注意力转向这一领域。他发现闪电与电火花属于同一性质的放电现象。此后，富兰克林一直在对电进行研究，他忙碌而成果累累的一生也走到了尽头。随后出现的是伏特和他的"电堆"，此外，还有加尔瓦尼、丹麦教授汉斯·奥斯特、安培、法拉第等耳熟能详的名字。他们终其一生，勤奋不懈地探索着电的真正特性。

阅读理解
这些科学家的执着，充分展现了他们对于科学的热爱。

这些人不计回报地将自己的发现公之于世。塞缪尔·莫尔斯认为，他能利用这种新发现的电流，将信息从一个城市传递到另一个城市。他准备采用铜线和他发明的一个小机器来达成目标。人们对他的想法不以为然。莫尔斯不得不自己掏钱做实验，很快便花光了所有积蓄。人们对他的嘲笑声更猛烈了。莫尔斯请求国会提供帮助，一个特别财务委员会答应为他提供所需的资金。但是，满脑子政经的议员们对莫尔斯的天才想法既不理解也毫无兴趣，他不得不苦苦等上12年，才最终拿到一小笔国会拨款。随后，他在纽约和巴尔的摩之间建造了一条"电报线"。1837年，在纽约大学的讲演厅里，莫尔斯第一次成功地演示了"电报"。1844年5月24日，他在华盛顿至巴尔的摩建立起了人类历史上第一个"电报线"。而今，整个世界布满电报线，我们将消息从欧洲发到亚洲只需短短几秒钟的时间。

23年后，亚历山大·贝尔利用电流原理发明了电话。又过去半个世纪，意大利人马可尼更进一步，发明出一套完全不依赖老式线路的无线通信系统。

当新英格兰人莫尔斯为他的"电报"奔忙之际，约克郡人迈克尔·法拉第制造出第一台"发电机"。在1831年，这台不起眼的小机器完工，当时的欧洲还处在法国"七月革命"的巨大震撼之中，没人留意到这项改变世界的发明。第一台发电机不断改进，到今

人类的故事

天，它已能为我们提供热力、照明（爱迪发明的小白炽灯泡就是在同世纪四五十年代英国及法国的实验基础上改进而来的）和开动各种机器的动力。我相信，电动机将很快彻底取代热力机，就如同更高等、更完善的史前动物取代其他生存效率低下的动物一样。

就个人而言，我将非常乐于见到这种情形的发生。因为电机由水力驱动，是人类清洁而健康的忠仆。可作为18世纪最大奇迹的"热力机"，它原本噪音很大而且肮脏，让我们的地球表面竖满了无数大烟囱，没日没夜地倾吐着滚滚的灰尘与煤烟。并且，这种机器的使用要用源源不断的煤来满足，成千上万的人们不得不费尽艰辛、冒着生命危险向矿坑深处挖掘。

如果我不是一名尊重事实的历史学家，而是可以发挥想象力的小说家，我将会描写把最后一部蒸汽机车送进自然历史博物馆，置于恐龙、飞龙及其他已灭绝动物的骨架旁的动人情景。那将是令人倍感愉快的一天。

工业变革

在此之前，世界上的很多工作都是由小作坊里的独立劳动者们完成的。他们拥有工具，可以打骂自己的学徒。只要不违反行会的规定，他们通常能按自己的意愿来经营业务。他们过着简单的生活，每天为了维持生计必须工作很长时间。不过他们的命运由自己掌控。如果他们某天一早醒来，发现这是一个适合钓鱼的好天气，他们便出外钓鱼，没人会阻止他们。

可是，机器的使用改变了这一切。事实上，机器无非是放大的工具。一辆以每分钟两公里的速度载着你飞驰的火车其实就是一双快腿，一台把沉重铁板砸平的气锤也不过是一副力气出众的铁拳。

可尽管我们每个人都能拥有好腿、好拳，一辆火车或一个棉

阅读理解

运用比喻的修饰手法，将火车比喻为"快腿"，将"把沉重的铁板炸平的气锤"比喻为"铁拳"，深入浅出，使机器的作用及特点变得简单易懂。

花工厂却是贵得要命的机械，他们不是个人能够拥有的。通常，它们由一伙人各出一定的金额购买，然后按投资的比例分享他们的铁路或棉纺厂赚取的利润。因此，当机器改进到可以实际使用并赢利时，这些大型工具的生产商便开始寻找能够以现金支付的买主。

在中世纪初期，代表财富的唯一形式是土地，因此只有贵族才被视为有钱人。由于当时采用古老的以物易物的制度，以奶牛交换马、以鸡蛋交换蜂蜜，所以贵族们手中的金银并无多大的用处。到十字军东征时期，城市的自由民们从东西方间再度复兴的贸易中得到了大量财富，成为贵族与骑士们的重要对手。

法国大革命彻底摧毁贵族的财富，极大地提高了中产阶级的地位。紧随大革命而来的动荡年月为许多中产阶级人士提供了发财致富的好机会，使他们积累了超过自己在世上应得份额的财富。教会的地产被国民公会没收一空，并被拍卖。其中的贿赂数额高得惊人。土地投机商窃取了几千平方英里的价值不菲的土地。在拿破仑战争期间，他们利用自己的资本囤积谷物和军火，牟取巨额暴利。到机器时代，他们拥有的财富已经远远超出他们日常生活所需，能够自己开设工厂，并雇佣男女工人为他们操纵机器。

此举导致数十万人的生活发生了急剧的变化。在短短几年内，许多城市的人口成倍增长。以前作为市民们真正"家园"的市中心，如今被粗糙而简陋的建筑团团包围，这里就是那些每天在工厂工作11至13个小时的工人们下班后休息的地方，当一听到汽笛响起，他们又得从这里赶紧奔回工厂。

在广大的乡村地区，人们纷纷传说着去城里挣大钱的消息。于是，习惯野外生活的农家子弟们蜂拥到城市。他们在那些通风不畅、布满烟尘污垢的早期车间里苦苦挣扎，昔日健康的身体迅速垮掉，最后悲惨死去。

当然，从农村到工厂的转变，并非是在毫无反抗的情形下完成的。既然一台机器能抵一百个人的工作，那因此失业的人肯定会心怀怨恨。袭击工厂、焚烧机器的情形时有发生。可早在17世纪，保险公司就已出现，所

以工厂主们的损失通常总能得到充分弥补。

不久后，更新更先进的机器再度安装就绪，工厂四周围上了高墙，暴乱随之停止了。在这个充满蒸汽与钢铁的新世界里，古老的行会根本无法生存。随着它们的接连消失，工人们试图组织新式的工会。可工厂主们凭借他们的财富，能对各国的政府施加更大的影响力。他们借助立法机关，通过了禁止组织工会的法律，借口是它妨碍了工人们的"行动自由"。

请一定不要以为，通过这些法律的国会议员们全是些用心险恶的暴君。他们是大革命时代的忠实儿子。这是一个人人谈论"自由"的时代，既然"自由"是人类的最高德行，那就不应由工会来决定会员该工作多长时间、该索取多少报酬。必须保证工人们能随时自由地出卖自己的劳动力，而雇主们也能同样自由地经营他们的工厂。由国家控制全社会工业生产的"重商主义"时代已告终结。国家应该袖手旁观，让商业按自己的发展规律运行，这是新的"自由经济"观念。

18世纪下半叶不仅是一个知识与政治的怀疑时代，而且旧的经济观念也被更顺应时势的新观念所取代。在法国革命发生的前几年，路易十六的屡遭挫折的财政大臣蒂尔戈曾宣告过"自由经济"的新教义。蒂尔戈写道，"取消这些政府监管，让人民按自己的心意去做，而一切都会顺利运转的"。不久之后，他著名的"自由经济"理论便成为当时的经济学家们热烈呼喊的口号。

在同时期的英国，亚当·斯密正在写作那本大部头的《国富论》，为"自由"和"贸易的天然权利"发出呼吁。30年后，拿破仑倒台了，欧洲的反动势力欣然聚首维也纳，那个在政治上被拒绝赋予人民的自由，却在经济生活中强加给了欧洲老百姓。

事实证明，机器的普遍使用对国家大有好处，它使社会财富迅速增长。机器甚至使英国凭一己之力就能负担反拿破仑战争的庞大费用。资本家赚取了难以想象的利润。他们的野心逐渐滋长，从而对政治产生出兴趣。他们试图与迄今仍控制着大多数欧洲政府的土地贵族们比较一番。

在英国，依然按照1265年的皇家法令选举产生了国会议员，大批新兴的工业中心在议会中竟没有代表。1832年，资本家们设法通过了修正法案，改革选举制度，使工厂主阶级获得了对立法机构的更大影响力。不过，此举也引发了成百万工人的强烈不满，因为政府中根本就没有他们的声音。工人们发动了争取选举权的运动。他们将自己的要求写在一份文件上，即日后广为人知的"大宪章"。有关这份宪章的争论日益激烈，一直到1848年欧洲革命爆发时还未停息。由于害怕爆发一场新的雅各宾党流血革命，英国政府召回80多岁的惠灵顿公爵指挥军队，并开始征召志愿军。伦敦处于被封锁的状态，为镇压即将到来的革命做好了准备。

可是一直到最后，因其领导者的无能，宪章运动自行夭折了，暴力革命始终未发生。新兴的资产阶级逐渐加强了控制政府的权力，大城市的工业生活环境继续吞噬着广大的牧场和农田，将它们变为阴暗拥挤的贫民窟。伴随着这些贫民窟的凄凉注视，每个欧洲城市正在走向现代化。

 名家点拨

人类的历史之所以会不断进步，是因为有了发明创造。这才改变了人类的生活。作者在本文中对人类所经历的两次重大的工业革命进行了记叙，从中我们也可以感受到工业革命的重大意义。

第18章 奴隶解放

名家导读

西方现在已是高度发展的资本主义社会，可是在此之前，人们则处在奴隶社会中，奴隶们一直过着悲惨的不平等生活。那么你知道人们曾为了推翻奴隶社会做了哪些努力和牺牲吗？它什么时候被推翻的，哪些人起到了重大的作用呢？

奴隶解放的背景

1831年，就在一个改革法案通过之前，英国杰出的立法家、政治改革家杰罗密在给一位朋友的信中写道："要想自己过得舒适就必须让别人过得舒适，要让别人过得舒适就必须表现出对他们的热爱，要想表现出对他们的热爱就必须真心去爱他们。"杰罗密是一位诚实的人，他说出了自己认为是真实的东西。他的观点得到了许多人的赞同。他们觉得有责任使那些不幸的人们也得到幸福，并准备倾尽全力去帮助他们。

"自由经济"的理想在那个工业力量仍被中世纪的条条框框束缚的时代里将"行为自由"视为经济生活的最高准则，导致了非常可怕的情形。工厂的工时长短仅以工人们的体力为限。只要一位女工仍能坐在纺织机前，未因疲劳而晕过去，厂主便可以要求她继续工作。五六岁的儿童被送到棉纺厂劳动，以免他们遭遇街头的危险或沾染上游手好闲的习性。政府通过了一项法律，强迫穷人的子女去工厂做工，否则将用铁链锁在机器上以示惩罚。作为辛苦劳动的回报，他们可以得到足够的粗食劣菜和猪圈般的过夜之所。常常，他们因极度劳累而在工作时打盹，为让他们保持清醒，监工们拿着鞭子四处巡视，遇到精神不佳的，便抽打他们的指关节。当然，这样的恶劣环境造成了成千上万儿童的死亡。这是非常可悲的事情。而雇主也有着人人都有的同情心，他们也真诚地希望能取消"童工"制度。可既然人是"自由"的，儿童们同样也可以"自由"地工作。并且，如果谁的工厂不用五六岁的童工，他的竞争对手就会将多余的小男孩统统招到自己的工厂，这样他的工厂便会面临破产。因此，在国会颁布法令禁止所有雇主使用童工之前，没有谁会单枪匹马地停用童工的。

可如今的国会已不再是老派土地贵族们的天下了，而转由来自工业中心的代表们把持。只要法律仍然禁止工人组织工会，情形便不可能出现好转。当然，那个时代的智者与道德家们并非对种种可怕的情景熟视无睹，但他们也没有办法。机器以令人震惊的速度征服世界，要让它真正变成人类的仆人而非主宰，还需要漫长的时间和许多人的共同努力。

对这个遍布世界各国的野蛮雇佣制度发起的第一次冲击，竟然是为了非洲和美洲的黑奴。奴隶制最初是由西班牙人引入美洲大陆的。当时，他们曾尝试过用印第安人做田庄和矿山的劳工。可一旦脱离了野外的自由生活，印第安人便一个接一个地病倒死去。为使印第安人免遭整体灭绝的危险，一位传教士建议从非洲运送黑人来做工。黑人身强体健，经得起恶劣的待遇。可随着机器的大规模使用，棉花的需求量日益增长，黑人们被迫比以往更辛苦地劳动。像可怜的印第安人一样，他们开始纷纷惨死在监工的虐待之下。

有关这些残暴行径的消息传回欧洲，在许多国家激起了废奴运动。在英国，查里·麦考利和威廉·维尔波弗斯组织了一个禁止奴隶制度的团体。首先，他们设法通过一项法律，使"奴隶贸易"变成非法。接着在 1840年后，所有英属殖民地都杜绝了奴隶制的存在。1848年，法国的革命使各属地的奴隶制成为历史。1858年，葡萄牙人通过了一项法律，承诺在20年内给予所有奴隶自由。1863年，荷兰正式废除了奴隶制。同

年，沙皇亚历山大二世也被迫归还他的农奴们被剥夺了两个多世纪的自由。

美国南北战争

在美国，奴隶问题引发严重危机，并最终导致了一场内战。虽然《独立宣言》宣布"人人生而平等"的原则，可这条原则对那些在南部各州种植园内做牛做马的黑人却是个例外。随着时间的推移，北方人对奴隶制的反感与日俱增，而南方人则声称，若取消奴隶劳动，他们便难以继续维持棉花种植业。将近半个世纪的时间里，众议院和参议院一直为此问题在激烈争论着。

北方坚持自己的观点，南方也毫不退让。当情况发展到无法妥协时，南方各州便威胁要退出联邦。这是美利坚合众国历史上一个异常危险的时刻，就在这时，美国历史上一个异常杰出且富于仁爱之心的伟人出现了。

1860年11月6日，亚伯拉罕·林肯当选美国总统。林肯属于强烈反对奴隶制的共和党人，深明人类奴役的罪恶性质。他精明的常识告诉他，北美大陆绝对容不下两个敌对国家的存在。当南方的一些州退出合众国，组织起"美国南部联盟"时，林肯毅然接受了挑战。北方各州开始征召志愿军，几十万热血青年响应政府号召。随之而来的残酷战争一直持续了四年。南军准备充分，不断击败北军。随后，新英格兰与西部的雄厚工业实力开始发挥决定性影响。一位寂寂无名的北方军官一鸣惊人，此人就是格兰特将军。他向南军发起了暴雨般地持续攻势，不给对手丝毫喘息之机。在他的重拳之下，南方苦心经营的防线接二连三地土崩瓦解。

1863年初，林肯发表了《解放奴隶宣言》，所有奴隶重获自由。1865年4月，最后一支骁勇善战的南军在阿波马克托斯向格兰特投降。几天后，林肯总统在剧院被刺杀。不过他的事业已经完成。除仍在西班牙统治之下的古巴以外，奴隶制在文明世界宣告结束。

社会主义思潮

当黑人们享受着日益增长的自由时，欧洲的"自由"工人却在"自由经济"的束缚下艰难地生存着。事实上，无产阶级在极其悲惨的处境中竟没有整体灭绝，这在许多当代作家和观察家眼里是一个奇迹。他们住着贫民窟肮脏阴暗的房子，吃着难以下咽的粗劣食物。他们只接受了一点仅能应付工作的教育。一旦发生死亡或意外事故，他们的家人将失去所有依靠。

从上世纪三四十年代开始发生的巨大进步，并非出于一人之力。两代人的杰出智慧被凝聚起来，投入到将世界从机器的突然君临所造成的灾难性后果里解救出来的努力中。他们并不想摧毁整个资本主义体系。这样做无疑是愚蠢的，因为对部分人积累的财富，若合理运用，完全能使它有益于全人类。不过，对那种认为在拥有产业和财富、可以随意将工厂关闭而不致挨饿的厂主与不计工资多少都必须接受工作、否则便面临全家受饿的劳工之间能存在真正平等的观点，他们也是竭力加以反对的。

他们努力引进了一系列法律，规范工人与工厂主的关系。各国的改革者不断地取得了胜利。到今天，大多数劳动者已能得到充分的保护：他们的工作时间被减至平均每天八小时的上佳水平；他们的子女被送进学校接受教育，不再像以前一样去矿坑和梳棉车间做工了。

然而，还有些人面对黑烟滚滚的高大烟囱，倾听火车夜以继日地轰鸣，看着被各种剩余物资塞满的仓库，不禁陷入了沉思。他们想问，这种巨大的能量究竟要把人类引向何方，它的终极目的到底是什么？他们记得，人类曾经在完全没有贸易和工业竞争的环境中生活了几十万年。

难道就不能改变现存秩序，取消那种以人类幸福为代价而追逐利润的竞争制度吗？

这种观念——即对一个更美好世界的模糊憧憬，在许多国家都有产生。在英国，拥有多家纺织厂的罗伯特·欧文建立起一个所谓的"社会主义社区"，并取得了初步成功。不过当欧文死后，他的"新拉纳克"社区的繁荣便就此告终。法国新闻记者路易斯·布兰克也曾尝试在全法国组织"社会主义车间"，可效果很不理想。事实上，越来越多的社会主义知识分子开始认识到，仅凭在常规的工业社会之外组织与世隔绝的小社团，是永远不可能取得成功的。在提出切实可行的补救措施之前，有必要先研究支撑整个工业体系和资本主义社会运行的基本规律。

继罗伯特·欧文、路易斯·布兰克、弗朗西斯·傅立叶这些实用社会主义者之后，是卡尔·马克思和弗里德里希·恩格斯这样的理论社会主义研究家。马克思是一位杰出的学者，曾与家人长期定居德国。马克思在听说欧文与布兰克所做的社会实验后，开始对劳动、工资及失业等问题产生出浓厚的兴趣。可他的自由主义思想遭到了德国警察当局的仇视，他被迫逃往布鲁塞尔，后辗转到伦敦，在那里做了《纽约论坛报》的一名记者，过着贫穷拮据的生活。

当时，很少有人对他的经济学著作予以足够重视。不过在1864年，马克思组织了第一个国际劳工联合组织。三年之后，他又出版了著名的《资本论》第一卷。马克思认为，人类的全部历史就是"有产者"与"无产者"之间的漫长斗争史。机器的引进及大规模使用创造出一个新的社会阶级，即资本家。他们利用自己的剩余财富购买工具，再雇佣工人进行劳动以创造更多的财富，再用这些财富修建更多的工厂，如此循环，永无尽头。同时，据马克思的观点，资产阶级将越来越富，无产阶级将越来越穷。因此他大胆预言，这种资本的恶性循环发展到某一天，世界的所有财富将被一个人占有，而其他人都将沦为他的雇工。

为防止这种情况的发生，马克思号召所有国家的工人联合起来，为争取一系列政治经济措施而斗争。马克思在其发表于1848年（正是那一年，整个欧洲爆发了大革命）的《共产党宣言》中，曾详细列举了这些措施。

官方对这些观点深恶痛绝。许多国家制定了严厉的法律，来对付社会主义者。警察受命驱散社会主义者的集会，逮捕演说分子。可迫害与镇压并不能带来丝毫益处。这是一桩势单力薄的事业，而殉难者成为了最好的宣传。在欧洲各地，越来越多的人开始信仰社会主义。而且不久人们便会明白，社会主义者并不是为了要发动暴力革命，他们不过是利用他们在各国议会里日渐成长的势力来促进劳工阶级的利益。社会主义者甚至担任起内阁大臣，与进步的天主教徒及新教徒一起合作，共同消除工业革命所带来的危害，把由机器的引进和财富的增长所带来的利润更合理地加以分配。

名家点拨

随着社会的发展，旧的社会体制将会被新的社会体制所代替。奴隶社会的结束是必然的结果。作者在这里向我们介绍了奴隶解放的过程，可以看出，林肯和马克思这两个人在奴隶解放中起到了重大的作用。

第19章 科学时代的到来

名家导读

一个社会，只有告别了无知，告别了愚昧，它才能进步。因为人会因无知而拒绝进步，又会因为不进步而继续无知。那么，人类社会是怎样告别了无知的时代而进入科学时代的呢？哪些人为此作出了巨大的牺牲和贡献呢？

对科学的偏见

埃及人、巴比伦人、希腊人和罗马人都曾对早期科学的模糊观念及科学研究作出过自己的贡献。可公元4世纪的大迁移摧毁了环地中海地区的古代世界，随之兴起的基督教排斥人类的肉体而重视灵魂，科学被视为人类妄自尊大的表现之一。因为教会认为科学试图窥探属于全能上帝领域内的神圣事物，与《圣经》宣告的七重死罪是密切联系在一起的。

文艺复兴在一定程度上打破了中世纪的偏见。但是，在16世纪初期取代文艺复兴的宗教改革运动对"新文明"的理想还是存在敌对思想。科学家们如果胆敢亵渎《圣经》，他们将再度面临极刑的威胁。

我们的世界充斥着伟大将军的塑像，他们跃马扬鞭，率领欢呼的士兵们奔向辉煌的胜利。可在不少地方，也矗立着一些沉静而不起眼的大理石碑，默默宣示着某位科学家在此找到了长眠之地。一千年之后，我们可能会以截然不同的方式面对这个问题。那一代幸福的孩子们将懂得尊重科学家惊人的勇气和难以想象的献身精神。他们是抽象知识领域的先驱和拓荒者，而正是这些抽象知识使我们的现代世界变成了活生生的现实。

这些科学先驱中的许多人饱受贫困、蔑视和侮辱。他们住在破旧的阁楼，死于阴暗的地牢。他们不敢把名字印在著作的封面上，也不敢在有生之年公开自己的研究结果。常常，他们不得不将手稿送到某家地下印刷所去秘密出版。如果他们暴露在教会的敌意面前，无论天主教徒还是新教徒都不会对他们怀有丝毫同情。他们成了永无休止的攻击的主题。

不过，他们也能找到几处避难所。在荷兰，虽然普通市民对这些神秘的科学研究没什么好感，但他们不愿去干涉别人的思想自由。于是，荷兰成了自由思想者的一个小型庇护所，法国、英国、德国的哲学家、数学家及物理学家们纷纷来到这里避难。

13世纪最杰出的天才罗杰·培根被迫长年禁笔，以免教会当局再找他的麻烦。500过后，伟大的哲学《百科全书》的编写者们仍然处于法国宪兵的不断监视之下。又过去半个世纪，达尔文因大胆地质疑《圣经》所描述的创世故事，被所有的布道坛谴责为人类的公敌。甚至到今天，对那些冒险进入未知科学领域的人们的迫害仍未完全停止。就在我写作关于科学的这一章时，布里安先生正在对群众大力宣讲"达尔文主义的威胁"，并警告听众们去反击这位伟大的英国博物学家的"谬论"。

不过，科学发现与发明创造的最终利益，到头来依然为同一群大众所分享，虽然正是他们将这些具有远见卓识的人们视为不切实际的理想主义者。

科学逐渐被认可

17世纪，科学家们纷纷将注视的目光投向辽远的星空，研究我们身处的行星与太阳系的关系。即便如此，教会仍然不赞同这

人类的故事

种不正当的好奇心。提出太阳中心说的哥白尼直到临死前才敢发表他的著作。伽利略一生中的大部分时间生活在教会的密切监视之下，但他坚持不懈地透过自己的小望远镜观察星空，为牛顿提供了大量的观察数据。当这位英国数学家日后发现存在于所有落体身上的、被称为"万有引力定律"的有趣习性时，伽利略的观察对他可是大有帮助。

"万有引力定律"的发现至少在一段时期内穷尽了人们对天空的兴趣，他们开始转而研究地球。17世纪中期，安东尼·列文虎克发明了便于操作的显微镜，这使得人们有机会研究导致人类患上多种疾病的微生物，为"细菌学"打下了坚实的基础。多亏有这门科学，在19世纪的最后40年里，人们陆续发现多种引起疾病的微生物，使这个世界上存在的许多疾患得以消除。显微镜还使得地理学家能够仔细研究不同的岩石和从地层深处挖掘出来的化石。这些研究证明，地球的历史比"创世纪"所描述的要久远得多。

1830年，查理·李耳爵士出版了他的《地质学原理》。它否认了《圣经》讲述的创世故事，并对地球缓慢的发展过程作出了一番更为有趣的描述。

与此同时，拉普拉斯正在研究一种有关宇宙形成的新学说，它认为地球不过是生出行星系的浩瀚星云中的一块小圆点而已。此外，还有邦森与基希霍夫在透过分光镜观测太阳的化学构成，而首先注意到它表面的太阳耀斑的是老伽利略。

同时，在与天主教和新教国家的神职当局进行过一场艰苦卓绝的斗争后，解剖学家与生理学家最终获得了解剖尸体的许可。我们终于对我们的身体器官及特性有了正确的认识。

自人类开始遥望星空，思索为什么星星会呆在天上，几十万年的时间缓慢逝去。而在不到30年的时间里，科学的各学科所取得的进步超过了此前几十万年的总和。对于那些在旧式教育下长大的人们来说，这肯定是一个非常可悲的年代。我们可以理解他们对拉马克和达尔文等人怀有的恨意。虽然此二人并未明确宣告，人类是"猿猴的后裔"，可他们确实暗示了骄傲的人类是由长长的一系列祖先进化而来，其家族的源头可以追溯到我们行星的最早居民——水母。

主宰19世纪的兴旺发达的中产阶级建立起自己充满尊严的世界。他们欣然使用着煤气、电灯，以及伟大科学发现所带来的全部实用成果。可那些纯粹的研究者，那些致力于"科学理论"的人们却饱受怀疑。很久后，他们的贡献才最终被承认。今天，以往将财富捐献出来修建教堂的富人们开始捐资修建大型实验室。在这些寂静的战场里面，一些沉默寡言的人们正在与人类隐蔽的敌人进行着殊死搏斗。时常，他们为未来的人们能享受到更幸福健康的生活，甚至牺牲掉了自己的生命。

事实上，许多曾被认作是"上帝所为"而无法治愈的疾病，现在已被证明仅仅是出于我们自身的无知与疏忽。今天的每一个儿童都知道，只要注意喝清洁的饮水，就能避免感染伤寒。可医生们是在历经多年努力之后，才使得人们相信这一简单事实的。对口腔细菌的研究，使我们有可能预防蛀牙。1846年，美国报纸报道了利用"乙醚"进行无痛手术的新闻，欧洲的好人们不禁对这一消息大摇其头。在他们看来，人类居然试图逃脱所有生物都必须承受的"疼痛"，此举近乎对上帝意志的公然违背。此后又经过了多年，在外科手术中使用乙醚和氯仿才被普遍接受。

阅读理解
人的思想决定着
人的行为。

"偏见"的旧墙上的缺口越来越大，进步的战役是胜利的。随着时间的推移，古代的愚昧终于土崩瓦解，新社会制度的追求者们冲出了"偏见"的包围。突然，他们发现自己面前出现一道新的障碍。在旧时代的废墟中，另一座反动堡垒矗立了起来。成千上万的人们在未来的日子里献出了自己的生命，才能摧毁这最后一道防线。

 名家点拨

　　本章让我们了解到，无知愚昧是多么可怕，而知识科技又是多么重要。我们每个人都应该不断地充实自己的知识，告别无知。

第20章

人文艺术

当我们听着优美的音乐，看着动人的绘画的时候，带给我们的是身心的愉悦，这些美好的事物时时美化着我们的生活。你知道人们是怎样发现它们而创造出它们的吗？人类的人文艺术是怎样发展起来的呢？

艺术的源起

一个婴儿如果身体十分健康，他吃饱睡足后，就会哼出一段小曲，向世界宣示他是多么幸福。在成人耳里，这些声音是没有任何意义的。它听起来像是："咕嘟，咕嘟，咕咕咕咕……"可对婴儿来说，这就是完美的音乐，是他对艺术的最初贡献。

一旦这个婴儿长大一点，能够坐起身子，捏橡皮泥的时代便开始了。这些泥玩具当然不会引起成人的兴趣。这个世界上有成百上千万的婴儿，他们同时在捏成百上千万的泥玩具。可对小宝贝们来说，这代表他们迈向艺术的欢乐王国的又一次尝试。这些小婴儿将变成伟大的雕塑家。

到了三四岁的时候，小孩的双手开始服从脑子的使唤，他成了一位画家。温柔的妈妈给她的宝贝买了一盒水彩笔，不久之后，每一张纸片上便布满了奇怪的图案，歪歪斜斜、弯弯曲曲，分别代表房子、马、可怕的海战等等。

可没过多久，这种尽情"创作"的幸福时期便告一段落。他们开始

了学校生活，孩子们的大部分时间被功课填得满满的。生活的事情，更准确地说是谋生的事情，变成了每个孩子生命中的头等大事。在背诵乘法表和学习法语不规则动词的过去时之余，孩子们很少有时间来从事"艺术"，除非这种不求现实回报，仅仅出于纯粹的快乐而创造某种东西的欲望非常强烈。等待这孩子长大成人后，他会完全忘掉自己生命的头五年是主要献身于艺术的。

民族的经历跟孩子的成长相似。当原始人逃脱了漫长冰川纪的种种致命危险，将家园整顿就绪，他便开始创作一些自己觉得美丽的东西，虽然这些东西对他与丛林猛兽的搏斗并无什么实际的帮助。他在岩洞四壁画上许多他捕猎过的大象和鹿的图案，他还把石头砍削成自己觉得最迷人的人的形象。

当埃及人、巴比伦人、波斯人以及其他东方民族沿尼罗河和幼发拉底河两岸建立起自己的小国，他们便开始为他们的国王修筑华美的宫殿，为自己心爱之人打造亮丽的首饰，并种植奇花异草，用五彩斑斓的色彩来装点他们的花园。

那些来自遥远中亚草原的游牧民族，也是热爱自由生活的猎人与战士。他们谱写过许多歌谣来赞颂部族领袖的伟大业绩，还发明了一种诗歌形式，一直流传至今。一千年后，当他们在希腊安身立足，建立起了自己的"城邦"，他们便开始修建古朴庄严的神庙，制作雕塑，创作悲剧和喜剧，并发展一切他们能想出的艺术形式，以此来表达心中的欢乐和悲伤。

罗马人和他们的迦太基对手一样，由于过分忙于治理其他民族与经商赚钱，对"既无用处又无利润"的精神冒险不感兴趣。尽管他们征服过大半个世界，修筑了不计其数的道路桥梁，可他们的艺术却是从希腊照搬过来的。他们创造出几种实用的建筑形式，满足了当时的实际需要。不过，他们的雕塑，他们的历史，他们的镶嵌工艺，他们的诗歌，统统是希腊原作的拉丁翻版。如若缺乏那种模糊而难以定义的、世人称之为"个性"的素质，便不可能产生出好的艺术。而罗马世界正好是不相信"个性"的。帝国需要的是训练有素的士兵和精明高效的商人，像写作诗歌或画画这些玩意儿只好留给外国人去做了。

随后是"黑暗时期"的来临。野蛮的日耳曼部族就像一头狂暴的公牛一样闯进西欧的瓷器店。这些"艺术品"对他毫无用处。如果按1921年的标准来讲，当他拿起印着漂亮封面女郎的通俗杂志爱不释手时，反倒将自己继承的伦勃朗名画随手扔进了垃圾箱。不久，他的见识增长了一些，想弥补自己几年前造成的损失。可垃圾箱已经不见踪影，伦勃朗的名画再也找不回来了。

中世纪宗教艺术

不过到这个时期，他们从东方带来的艺术得到发展，成长为非常优美的"中世纪艺术"，补偿了他们过去的无知与疏忽。至少就欧洲北部来说，所谓的"中世纪艺术"主要是一种日耳曼精神的产品，少有借用希腊和拉丁艺术，与埃及和亚述的古老艺术形式则完全无关，更不用提印度和中国了。事实上，北方日耳曼民族极少受他们南方邻居们的影响，以至他们自己发展的建筑完全不被意大利人理解，因而受到蔑视。

不知道你们有没有听说过"哥特式"这个词。你多半会把它与一座细细的尖顶直插云霄的美丽古教堂的画面联系起来。可这个词的真正含义到底是什么呢？

它其实意味着"不文明的"、"野蛮的"东西——某

种出自"不开化的哥特人"之手的事物。在南方人眼里，哥特人是一个粗野的落后民族，对古典艺术的既定规则毫无崇敬之心。他们只知道造起一些"恐怖的现代建筑"去满足自己的低级趣味，而根本看不见古罗马广场和雅典卫城所树立的崇高典范。

可在好多个世纪里，这种哥特式建筑形式却是艺术真情的最高表现，一直激励着整个北部欧洲大陆的人民。你还记得中世纪晚期的人们是如何生活的吗？他们是"城市"的"市民"，而在古拉丁语里，"城市"即"部落"的意思。事实上，这些住在其高大城墙与宽深护城河之内的善良自由民们是名副其实的部落成员，凭借着整个城市的互助制度，有难同当，有福共享。

在古希腊和古罗马的城市，庙宇坐落在市场上，那里是市民生活的中心。在中世纪，教堂，即上帝之屋，成了新的中心。我们现代的新教徒仅仅每周去一次教堂，呆上几小时，我们很难体会中世纪的教堂对一个社区的重要意义。那时，一个出生还不到一星期的婴儿，都会被送到教堂受洗。在儿童时代，这些孩子常常去教堂听讲《圣经》中的神圣故事。后来这些人成了这所教堂的会众。假如他足够有钱，便会为自己建一座小教堂，里面供奉

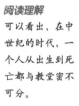

阅读理解
可以看出，在中世纪的时代，一个人从出生到死亡都与教堂密不可分。

自己家族的守护圣人。作为当时最神圣的建筑，教堂在所有白天及大部分夜晚都对公众开放。从某种意义上讲，它类似一个现代的俱乐部，为市内的所有居民享用。这里的人很可能在教堂与自己心爱的人一见钟情，日后他们结为夫妻，便会在高高的祭坛前誓约相守终身。最后，走到了生命终点的人，会被安葬在这座熟悉建筑的石块下。他们的孩子、孩子的孩子会不断走过这些坟墓，直到末日审判来临的那天。

由于中世纪教堂不仅仅是"上帝之屋"，还是一切日常生活的真正中心，因此它的式样应当不同于此前所有的人工建筑物。埃及人、希腊人、罗马人的神庙仅仅是一个供奉地方神的殿堂，并且祭司们也不需要在奥塞西斯、宙斯或朱庇特的塑像前布道，因此用不着能容纳大量公众的内部空间。在古代地中海地区，各民族的一切宗教活动都在露天举行。可阴湿寒冷的欧洲北部，天气总是恶劣，大部分宗教活动因而必须在教堂的屋顶下进行。

在许多个世纪里，建筑师们探索着如何建造空间足够大的建筑物的问题。罗马的建筑传统告诉他们，要砌沉重的石墙，必须配以小窗，以免墙体承受不住自身重量而垮塌。可到了12世纪，十字军东征开始之后，欧洲的建筑师们见识到穆斯林建筑师造出的清真寺。受此启发，他们构想出一种新风格，使欧洲人第一次有机会造出适合当时频繁的宗教生活所需的那种建筑。稍后，他们在被意大利人轻蔑地指为"哥特式"或"野蛮的"建筑的基础上，进一步发展这种奇特的风格。他们发明出一种由"肋骨"支撑的拱顶。可这样一个拱顶如果太重的话，很容易压垮墙壁，个中的道理就如同一张儿童摇椅坐上了一个两百多斤重的大胖子，肯定会被压垮。为解决这一难题，一些法国建筑师开始用"扶垛"加固墙体。扶垛不过是砌在边上的大堆石块，以支持撑住屋顶的墙体。后来，为进一步保证屋顶的安全，建筑师们又发明了所谓的"飞垛"来支撑屋脊。

这种新的建筑法允许开大窗户。在12世纪，玻璃还是非常珍稀的奢侈品，私人建筑少有安装玻璃窗，有时连贵族们的城堡也四壁洞开。这就是当时的房子里面穿堂风长年不断，而人们在室内也和室外一样穿毛皮衣服

的原因。

　　幸运的是，古地中海人民熟悉的制作彩色玻璃的工艺并未完全失传，此时又复兴起来。不久之后，哥特式教堂的窗户上便出现了用小块鲜艳的彩色玻璃拼成的《圣经》故事，以长长的铅框固定起来。

　　就这样，在明亮辉煌的上帝新屋里，挤满了如饥似渴的信众。使信仰显得"真切动人"的技艺，于此达到了无人能及的高峰。为打造这"上帝之屋"和"人间天堂"，人们不吝代价，不惜工夫，力求让它尽善尽美。雕塑家们自罗马帝国毁灭后便长期处于失业状态，此时又小心谨慎地重返工作。正门、廊柱、扶垛与飞檐上，满满地刻着上帝和圣人们的形象。绣工们也尽心投入工作，绣出华丽的挂毯装饰教堂四壁。珠宝匠更是贡献自己的绝艺来装点祭坛，使它当得起人们最虔诚的崇拜。画家们也倾力以赴，可因为找不到适当的作画材料，这些可怜的人们只能扼腕长叹。

　　在基督教最初创立的时期，罗马人用小块彩色玻璃拼成图案来装点他们的庙宇、房屋的墙和地。可这种镶嵌工艺掌握起来非常困难，同时画家们很难表达自己的情感。这些画家的感受就如同所有尝试过用彩色积木进行创作的儿童的感受。因此，镶嵌工艺在中世纪便失传了，只有俄罗斯还保存下来。在君士坦丁堡陷落后，拜占庭的镶嵌画家纷纷逃到了俄罗斯避难，这才得以继续用彩色玻璃装饰东正教堂的四壁，直到布尔什维克革命后不再有新教堂投入修建为止。

绘画的黄金时代

　　中世纪的画师们多是用熟石膏水调制颜料，在教堂墙上作画。这种"新鲜石膏"画法在数个世纪里很流行。一直到今天，它就像手稿中的微型风景画一样罕见。几百个现代城市画家中，恐怕只有一两个能够成功调制这种颜料。可在中世纪，没有别的更好的调配材料，画家们成为湿壁画工是别无选择的事情。这种调料法存在着一个致命的缺陷，往往用不了几年，要么石膏从墙壁上脱落，要么湿气浸损了画面，就像湿气会浸损我们的墙纸一样。人们试验了各种各样的物质来取代石膏水。他们尝试过用酒、醋、蜂蜜、黏蛋清等来调制颜料，可是效果都不令人满意。试验一直持续了一千多年。中世纪画家能够很成功地在羊皮纸上作画，可一旦要在大块的木料或石块上作画，颜料就会发黏，这使画家们一筹莫展。

在15世纪上半叶，这一困扰画家们多年的难题终于被南尼德兰地区的扬·范艾克与胡伯特·范艾克解决了。这对兄弟将颜料调以特制的油，使他们能够在木料、帆布、石头或其他任何材质的底版上作画。

不过此时，中世纪初期的宗教热情已成为过眼云烟。富裕的城市自由民接替主教大人们，成为了艺术的新恩主。由于艺术通常为谋生服务，于是此时的艺术家们开始为这些世俗的雇主工作，给国王们、大公们、富裕的银行们绘制肖像。没用多长时间，新的油画法风靡整个欧洲。几乎每个国家都兴起了一个特定的画派，以它们创作的肖像画和风景画反映当地人民独有的艺术趣味。

阅读理解
一个时代的艺术
与人们的生活环
境是分不开的。

在西班牙，贝拉斯克斯开始描绘宫廷小丑、皇家挂毯厂的纺织女工及其他关于国王和宫廷的形形色色的人物与主题。在荷兰，伦勃朗、弗朗斯·海尔斯及弗美尔却在描画商人家中的仓房、他的妻子与孩子，还有给他带来巨大财富的船只。在意大利则是另一番景象，由于教皇陛下是艺术最主要的保护人，米开朗基罗和柯雷乔仍在全力刻画着圣母与圣人的形象。在贵族有钱有势的英格兰和国王高于一切的法国，艺术家们则倾心描绘着担任政府要职的高官显贵和与陛下过从甚密的可爱女士们。

戏剧与音乐

因为教会的衰落和新社会阶级的崛起给绘画带来的巨大变

化，同时也反映在其他所有形式的艺术中。印刷术的发明，使得作家们有可能通过为大众写作而赢取极大的声名。不过，有钱买得起新书的，并非那种整夜闲坐在家或望着天花板发呆的人。

发财致富的市民们需要娱乐。但中世纪的区区几个游吟诗人已经不能满足人们消遣的巨大胃口。从早期希腊城邦迄今，两千多年过去了，职业剧作家终于再次找到了出路。在中世纪，戏剧仅仅是某些宗教庆典的捧场角色。13世纪和14世纪的悲剧讲的都是耶稣受难的故事。可在16世纪，世俗的剧场终于出现。虽然在最开始，职业剧作家和演员们的地位并不高。威廉·莎士比亚曾被视为某种类似马戏班成员的角色，他的悲剧和喜剧是给人们逗乐解闷的工具。1616年，当这位大师去世时，他开始赢得国人的敬重，而戏剧演员也不再是必须受警察监视的可疑角色了。

阅读理解

任何新事物的产生都需要一个过程，而在这个过程中往往是要付出代价的。

与莎士比亚同时代的还有洛佩德·维加。这位创作力非凡的西班牙人一生中共写出了400部宗教剧和超过1800部的世俗剧，是一位受到教皇称许的高贵人物。一个世纪之后，法国人莫里哀不可思议的喜剧才华竟使他成为了路易十四的朋友。

从此，戏剧日益受到群众的热爱。今天，"剧院"已经成为任何一座治理有条的城市必不可少的风景之一，而电影已经深入到最不起眼的小乡村。

然而，还有一种最受欢迎的艺术，那就是音乐。大部分古老的艺术形式都需要大量的技巧训练才能掌握。想要我们笨拙的双手听从大脑的使唤，将脑海中的形象准确再现于画布或大理石上，这需要年复一年的苦工。为学习如何表演或怎样写出一部好小说，有些人甚至花费了一生的时间。对作为接受者的公众来说，要想欣赏绘画、小说或雕塑的精妙，同样需要接受大量的训练。可只要不是聋子，几乎任何人都能跟唱某支曲子，或从音乐里享受到一定的乐趣。中世纪的人们虽能听到少量音乐，可它们全是宗教音乐。圣歌必须严格遵守一定的节奏与和声法则，很快便令人感到单调。另外，圣歌也不适合在大街和集市上唱颂。

文艺复兴改变了这一情况。音乐再度成为人们的知心朋友，陪着他们一起欢乐，一起忧伤。

埃及人、巴比伦人及古代犹太人都曾是伟大的音乐爱好者。他们甚至能将不同的乐器组合成正规的乐队。可希腊人对这些野蛮的异域噪音大皱眉头。他们喜欢聆听别人朗诵荷马或品达的庄严诗歌。朗诵中，他们允许用竖琴伴奏，不过这也仅仅是在不致激起众怒的情况下才敢使用。可罗马人正相反，他们喜欢在晚餐和聚会中伴以管弦乐。他们发明出我们沿用至今的大部分乐器。早期的教会鄙视罗马音乐，因为它带有太多刚被摧毁的异教世界的邪恶气息。由全体教徒颂唱的几首圣歌，这便是3、4世纪的所有主教们音乐忍耐力的极限。由于教徒们在没有乐器伴奏的情况下容易唱走调，因此教会特许使用风琴伴奏。这是一种公元2世纪的发明，由一组排箫和一对风箱构成。

接下来是大迁徙时代。最后一批罗马音乐家要么死于兵荒，要么沦为走村串巷的流浪艺人，在大街上表演，像现代渡船上的竖琴手一样讨钱为生。到中世纪晚期，一个更世俗化的文明在城市里复兴了，这导致了对音乐家的新需求。一些本来用于战争和狩猎的讯号联络工具，如羊角号等，此时经过改进，已经能奏出舞厅或宴会厅里的心旷神怡的乐音。有一种在弓上绷马鬃毛为弦的老式吉他，它是所有弦乐器里面最古老的一种，其历史可以追溯到古代埃及和亚述。到中世纪晚期，这种六弦乐器发展成我们现代的四弦小提琴，并在18世纪的斯特拉迪瓦利及其他意大利小提琴制作家手里，达到完美境界。

最后，现代钢琴终于出现了。它是所有乐器里流传最广的一种，曾

跟随热爱音乐的人们进入丛林、荒野或格陵兰的冰天雪地。所有键盘乐器的始祖本来是风琴。当风琴乐手演奏时，需要另一个人在旁拉动风箱。因此，当时的音乐家试图找到一种简便而不受环境影响的乐器，帮助他们培训众多教堂的唱诗班学生。到11世纪，阿雷佐的一个名为奎多的本尼迪克派僧侣发明了乐音注释体系，一直沿用至今。

就在同一世纪的某一时期，当人们对音乐的兴趣日益增长，第一件键弦合一的乐器诞生了。它发出的叮叮当当的声音，想必和现代每一家玩具店出售的儿童钢琴的声音相似。在维也纳，中世纪的流浪音乐家们于1288年组织了第一个独立的音乐家行会。小小的一弦琴被改进成现代斯坦威钢琴的直接前身，当时通称为"击弦古钢琴"。它从奥地利传入意大利，于此被改进成小型竖式钢琴。最后，1709至1720年间，巴尔托洛梅·克里斯托福里发明出一种能同时奏出强音和弱音的钢琴。这种乐器几经改进就变成了我们的现代钢琴。

这样，世界上第一次有了一种能在几年内掌握的便于演奏的乐器。它不像竖琴和提琴一样需要不断调音，而且拥有比中世纪的大号、单簧管、长号和双簧管更悦耳动人的音色。如同留声机使成百上千万的人们迷上音乐一样，早期钢琴的出现使音乐知识在更广的社会圈子里普及。音乐家从四处流浪的"行吟诗人"，摇身成为社区中倍受尊敬的成员。后来，音乐被引入到戏剧演出中，由此诞生出我们的现代歌剧。最初，只有少数非常富有的王公贵族才请得起"歌剧团"，可随着人们对这一娱乐的兴趣日渐增加，许多城市纷纷建起自己的歌剧院。先是意大利人，后是德国人的歌剧使所有公众在剧院分享到无尽的乐趣，只有少数极为严格的基督教教派仍对这一新艺术抱有深刻的怀疑态度，认为歌剧造成的过分欢乐有损灵魂的健康。

到18世纪中期，欧洲的音乐生活蓬勃热烈。此时，产生了一位最伟大的音乐家。他名叫约翰·巴赫，是莱比锡市托马斯教堂的一位淳朴的风琴师。他创作了许多不同风格的音乐，从喜剧歌曲、流行舞曲到最庄严的圣歌和赞美诗，为我们全部的现代音乐奠定了基础。1750年，他去世后，莫扎特继承了他的事业。莫扎特创作出充满纯粹欢乐的乐曲，常常让我们联想起由节奏与和声织就的美丽花边。

接着是贝多芬，一个充满悲剧性的伟人。他给我们带来现代交响乐，却因为贫困岁月的一场感冒导致了他的两耳失聪，无缘亲耳聆听自己最伟大的作品。贝多芬亲历了法国大革命时代。满怀着对一个新的辉煌时代的憧憬，他把一首自己创作的交响乐献给拿破仑。1827年，贝多芬告别人世时，昔日叱咤风云的拿破仑已病死，令人热血沸腾的法国大革命早成过眼云烟。而蒸汽机平地惊雷般地降临人间，使整个世界充满着一种与《第三交响乐》所营造的梦境全然不同的声音。

事实上，蒸汽、钢铁、煤和大工厂构成的世界新秩序根本不需要油画、雕塑、诗歌及音乐。旧日的艺术保护人，中世纪与17、18世纪的王公们、商人们已经一去不返。工业世界的新贵们忙于挣钱，受过的教育又少，根本没有心思去理会蚀刻画、奏鸣曲或象牙雕刻品这类东西，更别提那些专注于创造这些东西而对社会毫无实际用处的人们了。车间里的工人

们整日淹没在机器的轰鸣中，到头来也丧失了对他们的农民祖先发明的长笛或提琴乐曲的鉴赏力。艺术沦为新工业时代饱受白眼的继子，与现实生活彻底隔离了。幸存下来的一些绘画，无非是在博物馆里苟延残喘。音乐则变成一小撮"批评家"的专利，他们将它带离普通人的家庭，送进虚有其表的音乐厅。

艺术最终还是逐渐找回了自己，尽管这个过程非常缓慢。人们渐渐开始意识到，伦勃朗、贝多芬才是本民族真正的先知与领袖，如果世界缺少了艺术和欢乐，就像一所失去儿童欢笑声的托儿所。

名家点拨

通过作者的介绍，我们了解到艺术虽然是一种纯粹的快乐的事情，可是它也总是为谋生服务的。时代的不同，人们需求的不同，造就了不同的艺术。

第21章 一个崭新的世界

名家导读

　　人类在经历了漫长的历史后，终于告别了文化落后的愚昧时代，进入了一个崭新的文明时代。而那些为科学献身的科学家们也将成为我们永远敬美的人。

　　一千年后，历史学家会用怎样的词句来描述19世纪的欧洲呢？他们会发现，当很多人致力于可怕的民族战争时，在他们身边的各实验室里，却有着一些对政治不感兴趣的人们在辛勤地进行着他们的科学事业，一心想着如何从大自然中掏出一些秘密的答案。

　　现在，你们能领会我话中的用意吗？在不到30年的时间里，工程师、科学家、化学家已经遍布欧洲、美洲及亚洲，他们发明的大型机器、电报、飞行器和煤焦油产品已经风靡了整个世界。他们创造的新世界还缩短了整个时空的距离。他们发明出很多新奇的产品，还尽可能将它们改进得物美价廉，让每一个家庭都有能力负担。

　　为了让不断增加的工厂持续运转，已经成为土地主的工厂主们需要源源不断的原材料及煤的供应。可同时，大部分人的思维还停留在16、17世纪。中世纪体制难免手忙脚乱，因为它突然面临一大堆工业现代化所带来的难题，它根据几个世纪前制定的游戏规则在尽力而为地坚持着。各国分别创建了庞大的海军和陆军，用于争夺海外殖民地。哪里尚有一小块无主的土地，哪里就会冒出一块新的英国、法国、德国或俄罗斯的殖民地。

若当地的居民反抗，殖民者便将他们屠杀。不过他们大多不会反抗，只要他们不阻挠钻石矿、煤矿、油田或橡胶园的开发，他们就会被允许过和平安宁的生活，并能从外国占领者那里分到微薄的利润。

可是，当两个正在寻找原料的国家同时看中了同一块土地时，便会爆发战争。15年前，俄国与日本为争夺属于中国的土地，就曾兵戎相见。不过这样的冲突毕竟属于例外，没有人是真正愿意打仗的。事实上，大规模使用士兵、军舰、潜艇进行相互杀戮的观念，在20世纪初已开始让人们感到荒谬。他们仅仅将暴力的观念与多年前不受限制的君权和王朝联系在一起。每天，他们在报纸上读到更多的发明，或看到一组组英国、美国、德国的科学家们亲密无间地携手合作，投身于某项医学或天文学的重大课题。他们生活在一个所有人都忙于商业、贸易和工业的世界。可只有少数人觉察到，国家制度的发展远远落后于时代。他们试图警告旁人，可旁人只专注于自己眼前的事务。

我已经用了太多的比喻，我还要再用一个。埃及人、希腊人、罗马人、威尼斯人以及17世纪商业冒险家们的"国家之船"，它们是由干燥适宜的木材建造的坚固船只，并由熟悉船员和船只性能的领导者指挥。而且，他们了解祖先传下的航海术的局限。

随后，钢铁与机器的新世纪到来了。先是船体的一部分，后来是整个"国家之船"都全然变样了。它的体积增大许多，风帆被换成蒸汽机。客舱的条件大为改观，可更多的人被迫下到锅炉仓去。虽然环境更加安全，报酬也不断增加，可就像以前操纵帆船索具的危险活一样，锅炉仓的工作很危险。最后不知不觉地，古老的木船变成了焕然一新的现代远洋轮。可船长和船员还是同一帮人。照一百年前的旧法，他们被任命或被选举来操控船只。可他们使用的却是15世纪的老式航海术，他们的船舱内悬挂的是路易十四和弗雷德里克大帝时代的航海图和信号旗。总而言之，他们完全不能胜任。

国际政治的海洋并不辽阔，当众多帝国与殖民地的船只在这片狭窄海域中相互竞逐时，注定会发生事故。事故确实发生了。如果你冒险经过那片海域，你仍能看到船只的残骸。

我的用意很简单。当今世界非常迫切地需要能担负起新责任的领导者。他们必须具备远见和胆识，并且能清醒意识到我们的航程才刚刚开始，他们要能掌握一套全新的航海艺术。

他们要做多年的学徒，也将不得不跨越各种阻碍。当他们抵达驾驶台时，也许一群嫉妒的船员会发生叛变，将他们杀死。但是终有一天，一个将船只安全带进港湾的人物终会出现，他将成为时代的英雄。

 名家点拨

中世纪是一个文化落后的时代，愚昧的时代，可是随着历史的发展，它也必将成为过去。在这里作者向我们介绍了当人类发展到19世纪的时候，已经进入到了一个崭新的时代。科技高度发展，可是这个时代也并不是完美的，它的国家制度却没有发生实质性的改变，与它的科技格格不入。